BEAUTY
MASSAGE
THERAPY

뷰티마사지테라피

김숙희

· 건국대학교 미래지식교육원 K뷰티산업융합학 전공 전임교수

이재남

· 건국대학교 산업대학원 향장학과 전임교수

김미정

· 서울디지털대학 뷰티미용전공 겸임교수
· 건국대학교 생물공학 이학박사

뷰티마사지테라피

초판 인쇄 2022년 5월 15일
초판 발행 2022년 5월 25일

| **저　자** | 김숙희 이재남 김미정
| **발 행 인** | 조규백
| **발 행 처** | 도서출판 구민사
(07293) 서울특별시 영등포구 문래북로 116, 604호(문래동3가 46, 트리플렉스)
| **전　화** | (02) 701-7421(~2)
| **팩　스** | (02) 3273-9642
| **홈페이지** | www.kuhminsa.co.kr
| **신고번호** | 제 2012-000055호 (1980년 2월4일)
| **I S B N** | 979-11-6875-054-8(93590)

| **값** | 26,000원

머 · 리 · 말

최근 뷰티 산업은 생활 수준의 향상과 급속도로 발전한 경제 성장으로 인하여 현대인들에게는 풍요로운 삶이 제공되고 있으며 이와 관련된 뷰티 산업도 다양하게 발전되고 있다. 하지만 현대인들의 과도한 업무와 정신적인 스트레스, 분노 조절의 어려움 등으로 심신의 피로를 초래하고 있으며 총제적인 균형이 깨져있어 혈액순환의 장애로 면역력 또한 저하되고 있다.

오늘날 피부미용사 국가고시가 시행됨에 따라 좀 더 체계적이고 발전적인 테크닉과 날로 변해가는 마사지 기법을 많은 학생들에게 한층 더 새로운 모습으로 소개할 수 있을 것이다.

따라서 뷰티 마사지 테라피는 건강관리(체형) 및 미용에 관한 과학적, 생리적, 심리적인 이론을 바탕으로 한 실질적이고 전문화된 지식과 기능을 담은 교재로써 여러 장르의 마사지 기법을 통하여 기초를 배우는 학생이나 현장 경험자들에게 다양한 기법의 마사지 종류를 소개한다.

현장에서 근무할 유능한 건강미용인을 양성하는데 차별화를 두고 교육을 실시함으로써 향후 관련 분야의 취업 및 창업을 통한 전문가 양성을 위한 그 목표에 중점적인 역할을 할 수 있도록 하기 위하여 이 교재를 발간하게 되었다.

이에 따라 함께 집필한 교수진들은 오랜 임상경험과 자료를 건강, 미용 관련 학문에 접목하여 보다 쉽고 재미있게 접근하고 학생들에게는 적절한 지침서가 되기를 바라며 또한 많은 활용을 할 수 있도록 하기 위하여 노력을 아끼지 않고 있다.

날로 발전하고 있는 미용계의 새로운 트렌드와 건강을 통하여 새로운 장을 여는 뷰티 마사지 테라피 교재는 1장부터 12장까지 다양한 장르와 테크닉을 소개함으로써 좀 더 많은 배움의 길을 열어줄 것이다.

끝으로 이 책의 출판을 도와주신 구민사의 조규백 대표님과 직원 여러분들에게 감사의 인사를 드린다.

저자 일동

CHAPTER
1 마사지

CHAPTER
2 스톤테라피

CHAPTER

3 향을 이용한 테라피

CHAPTER

4 하이드로테라피

THERAPY

CHAPTER
5 뮤직테라피

CHAPTER
6 컬러테라피

CHAPTER

7 임산부 마사지

CHAPTER

8 베이비 마사지

THERAPY

CHAPTER

9 시아추(shiatsu)와 아유르베다

CHAPTER

10 하와이완 로미로미

CHAPTER

11 뱀부테라피

CHAPTER

12 HOLOS THERAPY

T H E R A P Y

BEAUTY MASSAGE THERAPY

CHAPTER 1

마사지

1. 마사지의 정의
2. 마사지의 목적
3. 마사지의 효과
4. 마사지를 적용해야 하는 경우
5. 마사지를 피해야 하는 경우
6. 마사지 시 주의 사항
7. 마사지의 종류
8. 마사지의 방법
9. 마사지의 기본동작
10. 습포사용법

CHAPTER

1 마사지

1. 마사지의 역사 및 정의

마사지는 초기 문명시대 이래 수 세기 동안 시행되어 왔으며 치료 효과로서의 마사지와 신체에 활력을 주며 통증을 가라앉히고 아름답게 하는 기능을 하였다.

쓰다듬기나 문지르는 것은 고통과 불편을 완화시키고 부드럽게 하며 진정시키는 본능적인 행동이다. 이러한 신체적 접촉을 효율적이고 체계적으로 발전시킨 것이 마사지라고 볼 수 있으며, 이 마사지는 인간의 역사와 함께 발전되었다. 마사지의 유래는 명확하게 나타나 있지는 않으나, 고대 의학에서는 마사지가 치료법의 한 형태로 기록되었고 역사가들은 문지르거나 기름을 바르는 형식으로 이미 원시 시대부터 사용되어 왔다.

마사지는 고대 의학 기록에 따르면 본능적으로 다치거나 아픈 곳을 문지르고 두드리면서 상태가 호전, 치유되는 경험에서 시작된 원시적인 의료 행위에서 발전된 것으로 매우 오래된 역사를 지니고 있다. 마사지(Massage)의 어원은 프랑스어이나 원래 아라비아의 '누르다'와 그리이스 어의 주무르다(Masso), 히브리어의 도수 교정(Manipulation) 등에서 기인한 것이다.

이는 손을 이용하여 인체의 조직에 계통적이면서 과학적인 방법으로 시술하여 신경, 근육, 혈관 계통에 영향을 미치는 것으로 피부나 근육을 주무르고, 두드리고, 문지르고, 떨어주는 것을 말한다.

마사지는 손을 이용하여 시술하는 가장 오래되고, 가장 유용하고 손상의 동통을 감소시켜주는데 사용된 요법 중 하나이다. 마사지를 통해 피부나 조직의 혈액순환을 증가시켜 인체 각 조직의 대사작용을 활성화시키고 림프 배액이 잘되게 함으로써 피부에 영양을 공급해 피부를 탄력있게 하고 노폐물을 배출해주는 작용을 강화해주어 마사지 후에 묵은 각질이나 모공에 낀 노폐물이 제거되어 피부가 깨끗해진다. 또한 마사지는 근육 활동에 필요한 산소나 영양소의 공급을 원활하게 하며 다양한 마사지 기법을 통해 근육의 피로나 근긴장 감소와 근육의 통증을 감소시키고 심리적 긴장을 이완시킨다. 마사지는 생명을 위협하는 심각한 질병 치료 효과는 없지만 근육 통증, 요통, 두통 등 스트레스로 발생할 수 있는 만성 통증이나 불안, 긴장, 피로감 등의 증상 등을 경감시켜주는 데에 효과가 있는 것으로 알려져 있다.

스웨디시 마사지법은 서양을 대표하는 수기요법으로 마사지 요법 중 가장 기본적인 마사지법이며 혈액순환 촉진, 신경이완의 효과를 갖는다. 이 외에도 사용되고 있는 마사지법의 종류로는 경락마사지(Meridian), 아로마테라피(Aromatherapy), 반사 마사지(Reflexology), 림프드레나쥐(Lymphdrainage) 등이 피부관리에 도입되어 사용되고 있다.

2. 마사의 목적

마사지는 일상생활로 인한 전신의 피로와 정신적 스트레스를 경감시키고 전신의 근을 릴랙스시켜 컨디션을 조절하며 근육을 이완시켜서 동증을 널어주고 혈액의 순환을 증가시키고, 근육의 긴장을 완화시키고, 근육의 경련을 완화시키는 효과가 있다.

또한 임파나 혈액의 흐름에 영향을 주어 신체의 각 조직에 산소나 영양소의 공급을 왕성하게 하여, 조직에서 혈관으로 노폐물을 배출시켜 인체 조직의 영양 상태를 개선할 수 있는 것으로 알려져 있다.

마사지의 목적은 다음과 같다.

첫째, 워밍업 단계인 쓰다듬기이다.

마사지를 받으면 혈액순환이 원활해지면서 뭉쳐있던 근육의 긴장을 풀어주고 유연하게 만들어주며 긴장감을 감소시킬 수 있다.

둘째, 피로회복이다.

근육을 집중적으로 풀어주고 근육과 관절의 긴장을 완화해 주면 피로회복의 상당이 빠른 효과를 볼 수 있다.

셋째, 스트레스 이완이다.

손을 이용해 안면과 전신에 적용할 수 있으며 신체의 혈관을 자극하여 혈액순환을 도와주고, 몸속의 노폐물을 제거하고, 근육과 관절이완, 자율신경계 이완 및 스트레스 이완을 목적으로 한다.

넷째, 두통 완화이다.

피부의 탄성을 강화하며 신체 조직의 강장, 영양보급 정상화, 혈압 하강 및 두통 완화에도 영향을 준다.

다섯째, 신체기능 회복이다.

전신 기능의 호전을 유도하는 것으로 신체의 반사와 교정기술을 활용해서 신체기능을 되돌리는 기법이다.

3. 마사지의 효과

마사지는 손 마찰에 의해 피부의 온도가 적당히 상승되면 혈액순환과 더불어 모공을 열어주어 영양성분의 침투가 용의해지며 피지나 각질, 노폐물 제거를 해줌으로써 피부의 세정 작용에도 도움을 준다.

1) 피부에 미치는 효과

① 피부나 근육의 혈행을 좋게 하는 것과 동시에 혈액의 순환을 개선한다.
② 혈액순환을 향상시켜 산소와 영양공급을 원활하게 해준다.
③ 진정 작용 효과는 근육조직을 이완시키고 통증을 완화시킨다.
④ 피부의 세정작용을 도와 피부를 청결하게 해준다.
⑤ 신경이나 근육의 기능이 흥분되어 있을 때 기능을 진정시키는 작용을 한다.
⑥ 임파선의 기능 개선, 적혈구의 증가, 부종 제거 및 혈관을 활성화시켜준다.
⑦ 피하조직에 있어서 지방세포가 감소된다.
⑧ 마찰에 의해 피부의 온도가 적당히 상승하면 적용된 화장품의 유효물질 흡수력이 높아진다.
⑨ 피부의 호흡개선, 탄성 강화, 림프의 활동 강화, 피부를 부드럽고 매끄럽게 한다.
⑩ 피부와 모든 피부 구조들이 영양분을 섭취하며 모공을 이완시켜 피지와 땀의 분비물이 증가한다.
⑪ 피부의 혈액순환을 촉진시키며 피부를 부드럽게 한다.

2) 혈액순환의 촉진 효과

피부와 근육의 혈액순환을 증진시킴과 동시에 심장의 부담을 줄임으로서 전신의 혈액 순환을 원활히 해주며 각 근육의 피로를 줄이거나 회복하는데 영향을 준다.

3) 림프순환의 촉진

어떤 물질이 인체에 흡수되었을 때 가장 먼저 통과 하는 곳이 림프선이다. 림프는 혈장과 비슷한 수성액으로 림프관에서 생성되고 혈류를 따라 경유하면 근육으로부터 운동으로 인해서 생긴 노폐물을 제거하는 것을 돕는다.

4) 신경계에 대한 효과

마사지를 해준 실험 결과 교감신경계의 활동이 증가했음이 나타났다.

5) 근조직에 대한 효과

근육의 크기가 증가하고 탄력이 붙으며 더 많은 영양공급으로 마사지 부위의 발육이 호전된다.

6) 혈액에 미치는 효과

마사지는 혈색소와 순환 혈액의 적혈구를 증가시키고 한정되어 있지만 혈액의 산소 수용력이 일정하게 증가한다.

7) 신진대사에 미치는 효과

마사지가 신체 부위와 관련된 순환에 영향을 미치기 때문이다.

8) 생리학적 효과

① 근육의 영양상태, 굴곡성, 생활력 등을 가능한 한 최대한의 상태로 회복하기 쉽다.
② 마사지는 외상 또는 질병으로부터 근육이 회복하였을 때 근육의 기능을 최상의 상태로 회복시킬 수 있다.

4. 마사지를 적용해야 하는 경우

① 화장이 잘 받지 않을 때
② 기후변화가 심할 때
③ 피곤할 때
④ 수면 전이나 목욕 직후

5. 마사지를 피해야 하는 경우

① 상처가 있을 때
② 생리 전후
③ 각종 피부질환을 앓고 있을 때
④ 피부가 극도로 예민할 때 또는 심각한 여드름 피부
⑤ 피부에 홍반현상이 나타났을 때
⑥ 임산부의 가슴, 배 마사지
⑦ 외상, 화장품 부작용 시
⑧ 염증 또는 피부 외부 질환 및 알레르기 반응이 있는 경우

6. 마사지 시 주의 사항

① 주변 환경 정리 정돈을 깨끗하게 한다.
② 조명은 너무 밝지 않게 한다.
③ 관리사의 손톱은 청결히 한다.
④ 관리사의 손을 늘 따뜻하게 유지한다.
⑤ 마사지를 할 시에는 가급적 대화를 피한다.
⑥ 마사지 시 힘이 너무 강하면 오히려 피부에 자극이 된다.
⑦ 근육 방향을 무시하게 될 경우 오히려 피부에 주름을 유발할 수 있다.
⑧ 관리사는 성의 있는 태도로 관리한다.
⑨ 마사지 시 고객과의 대화는 가급적 피한다.
⑩ 관리사의 반지, 팔찌 등 액세서리 착용을 금하며, 손톱에 에나멜을 바르지 않는다.
⑪ 마사지 제품은 고객의 피부 유형에 맞게 사용하며, 눈이나 코, 입 등에 들어가지 않도록 한다.
⑫ 고객의 개인차에 따라 압 조절을 한다.

1) 준비 자세 및 주의사항

(1) 테이블의 높이

마사지 테이블의 높이는 시술자가 똑바로 섰을 때 손가락의 관절이 테이블의 가장 윗부분에 닿을 정도가 되어야 한다.

(2) 관리사의 자세

① 등을 꼿꼿이 펴고 무거운 무게를 지탱할 때도 다리를 넓게 벌려야 하며 등은 항상 긴장시킨 상태로 유지한다.

② 어깨의 힘을 빼고 고객에게 기대지 않도록 한다.

③ 편안한 신발을 신어야 한다.

④ 마사지 시 관리사의 동작이 고객과 밀착되었는지 확인한다.

2) 마사지 전 에스테틱션의손 운동

에스테티션의손은 자동적으로 움직일 수 있게 하고 완벽한 마사지에서 요구되는 어떠한 동작이나 압력도 잘 표현되도록 단련시켜야 한다.

특히 손은 강하면서 유연해야 하므로 하루에 6~8회의 손 운동을 실시한다.

(1) 손목 회전 둔동은 양손 모두 10회씩 한다.

(2) 주먹 쥔 손을 앞으로 내밀면서 손가락을 편다.(2회 반복)

(3) 손목의 힘을 뺀 후 손목을 흔들어 준다.

(4) 손가락을 차례로 오므렸다 펴준다.(바이브레이션)

(5) 팔을 등 뒤로 깍지 끼고 심호흡을 한다.

(6) 1~5번까지 전체 동작을 5~6회 반복한다.

7. 마사지의 종류

1) 스웨디시 마사지

스웨디시 마사지는 19세기 초 스웨덴의 링(Ling)에 의해 고안되었으며 고대의 그리스와 로마의 의사들도 질병의 치료와 통증 완화 등의 목적으로 사용되었고 로마시대에는 체육인들에게 상처치료와 운동 후 스트레칭 등으로 사용되었으며 세계 3대 마사지 중 하나로 가장 기초적인 마사지이며, 과학적이고 체계화된 발전적인 방법으로, 편안한 상태에서 근육을 이완시키는 부드러운 마사지이다.

특징은 인간이 손으로 자신과 타인의 신체를 치료하는 시기 후에 좀 더 체계적이고 과학적인 방법으로 마사지가 체계화하는 시기에 함께 발전된 마사지 방법으로 전 세계적인 마사지 기법으로 마사지를 공부하려는 사람들이 필수로 습득하여야 할 중요한 기법으로 특히 운동을 수행하는 사람들을 위한 마사지 방법으로 스웨디시 마사지의 기법 중 단순한 기법을 적용한다.

스웨디시 마사지는 스포츠마사지, 노인 마사지, 임산부 마사지, 유아 마사지, 연조직 마사지 등 모든 마사지 기법의 모체가 된다.

2) 아로마테라피

아로마테라피란 아로마(aroma) 향과 테라피(therpy) 치료의 합성어로 향기 나는 식물을 이용하여 마사지를 하여 건강한 심신을 향상시키기 위하여 식물에서 추출한 에센셜 오일을 마사지와 병행하여 사용하는 것을 의미하며, 에센셜 오일은 꽃이나 뿌리, 잎 등을 증유하거나 냉각 압축하는 과정을 거쳐 추출한 식물성 오일이다.

아로마테라피는 스트레스를 개선하며 세포재생을 돕고 몸의 치유력을 높이고 면역력을 향상시킨다. 일상생활에서도 많이 사용되고 있으며 식물의 종류에 따라 모두 향과 효능이 다르기 때문에 고객을 관리할 때 다양한 방법으로 많이 활용되고 있다.

3) 림프드레나지

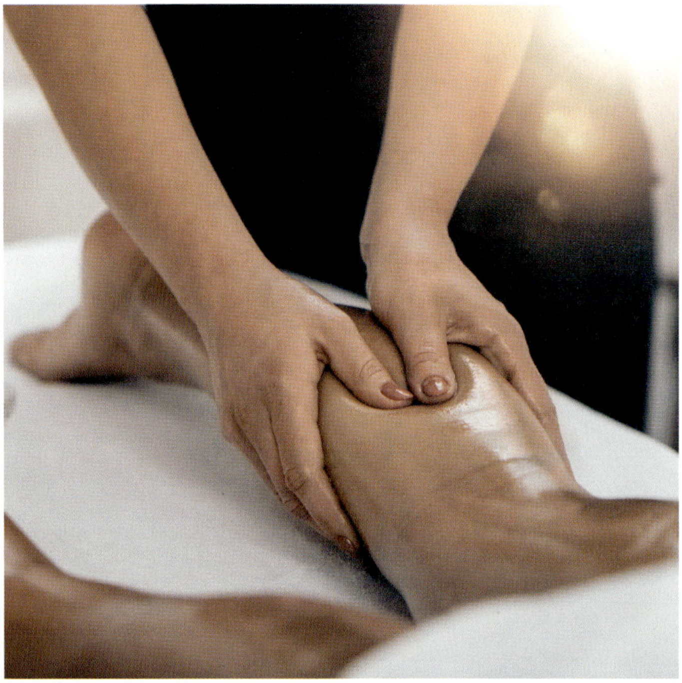

림프 마사지는 손을 이용하여 림프의 배출을 촉진시키는 방법으로 노폐물 배출과 함께 조직에 영양대사를 원활하게 하고 신체의 부종과 통증을 완화시켜 줌으로써 체내의 항상성을 유지시켜 준다. 림프 마사지는 림프가 흐르는 방향대로 시행한다.

림프드레나쥐란 림프의 흐름을 따라 림프관의 림프절 부위를 마사지함으로써 림프액의 순환을 촉진시키기 위해 착안된 마사지 방법이다.

림프마사지는 1930년대 덴마크의 생리학자이며 물리치료사인 Dr. Emil Vodder와 그의 부인 Estrid에 의해 최초로 개발된 요법이다. 림프조직은 조직액의 배수, 배액을 위한 것이며 조직의 수분이 원활히 림프관으로 들어가 림프액의 흐름이 원활할 때 림프조직의 기능 수행이 잘 된다고 할 수 있다.

4) 아유르베다 마사지

아유르베다는 우주와 인간을 상호 연관하여 고대 인도에서 시작된 인도의 전통 의학이다.

아유(Ayu)는 '삶 또는 일상생활'을 의미하며 베다(Veda) '앎'이라는 뜻을 지니고 있다.

아유르베다에서는 피타(불과 물), 비타(공기와 허공), 카파(물과 흙) 세 가지 체질로 분류한다.

인도의 총체적인 의학에 기초하여 질병 없이 건강하고 행복하게 살 수 있도록 도와주는 자연 식이요법으로 삶의 질과 수명을 유지하고 치유하는 전인적인 관리이다.

5) 경락 마사지

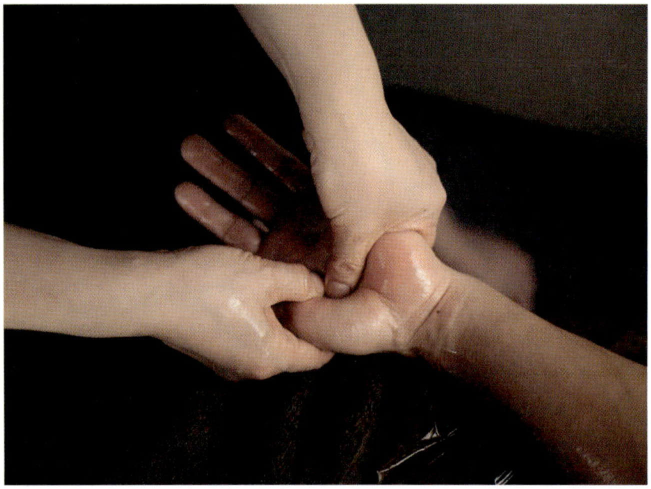

경락은 인체의 기와 혈을 운행하고 장부 지절을 연결하여 상·하 내외를 관통하는 그물 모양으로 가로 세로로 순행하는 경맥과 낙맥을 통틀어 말하는 것으로 전신의 기와 혈이 순환하며 장부와 사지 관절을 연결하는 경로이다. 경락 마사지 시행 시 혈점을 눌러주어 각 기관과 장기의 움직임을 원활하게 해주고 세포를 활성화시켜 조직 간의 상호작용을 도와 인체의 항상성과 저항력을 높여 모발의 성장과 피부 및 근육을 단단하게 하는 효과가 있다.

또한 우리 인체의 각 부분들은 독립적으로 움직이는 것이 아니라 서로 유기적인 관계를 맺고 있다. 인체의 유기적인 관계란 팔과 다리가 모두 몸통과 연결된 신체의 일부분으로 한 곳에 변화가 발생하면 이 변화가 다른 부분들에도 영향을 미친다는 것을 말한다.

경락 마사지란 이러한 기의 흐름을 통한 인체의 유기적 관계에 근거해 신체 겉면에 나타나는 부조화와 불균형의 상태를 경락을 이용한 마사지로 치유하는 한편, 골격의 교정을 통한 수기요법을 실행하면서 피부관리를 함께 실시하는 종합 수기법이라 할 수 있다.

6) 안마와 시아추 마사지

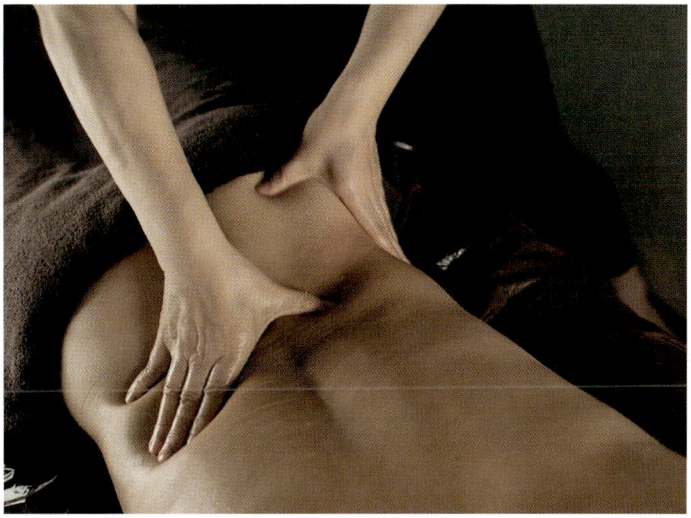

안마는 손으로 몸을 만지며 몸의 근육계, 순환계, 신경계에 생체 반응을 일으키도록 누르거나 두들겨 질병을 예방하거나 치료하는 관리를 말한다. 또한, 지압, 마사지와 함께 경혈을 어루만지거나 주무르고 치는 방법으로 근육통, 신경통, 피부와 근육의 이상 및 관절 치료와 피로 회복 등의 효능이 있는 것으로 알려져 사용되고 있는 것으로 현재는 전문 스파 샵 및 에스테틱 분야에서도 많이 사용하고 있다.

7) 발 반사 마사지

반사요법은 엄지 손이나 지압 봉을 이용하여 신체의 특정 부위를 가하는 요법으로 혈액을 심장으로 끌어올려 주어 면역력이나 자연치유력을 길러준다. 신장, 수뇨관, 방광, 요도로 노폐물을 배출하고 정맥마사지를 통해 혈액을 심장으로 끌어 올려주어 면역력이나 자연치유력을 길러주는 건강요법이다.

발에는 7,200여 개의 신경이 분포되어 있으며 이들은 각각 그에 상응되는 반사구로 이 반사구를 자극하게 되면 뇌를 통해 신경이 지배되며, 발 반사시 혈액순환 촉진 기능, 정맥순환 촉진 기능, 신경 반사 촉진 기능, 인체의 피로 해소 기능에 매우 효과적이다.

8) 타이마사지

타이마사지는 천년이 넘게 지속적으로 유지 발전되었으며, 건강과 질병의 치료를 위해 인간의 에너지 흐름과 균형에 중점을 두었다.

인도 요가의 영향을 받았으며 중국 마사지의 추나와 비슷하다고 할 수 있으며 태국의 전통 마사지로서 바람이 통하고, 따뜻한 환경에서 실시하는 급하지 않고 편안한 건식 마사지이다.

인간의 내부 에너지 흐름과 균형에 중점을 둔다는 점을 강조하는 태국 마사지는 건강과 질병을 치료하고 신체의 균형을 조화롭게 유지한다.

타이 마사지에서는 기가 흐르는 통로를 '센(SEN)'이라고 하며 생명의 에너지로 육체적, 정신적, 그리고 감정적 과정에 에너지를 제공하고 효과를 발휘할 수가 있다.

또한 타이식 치료요법으로서 손, 손가락, 팔꿈치, 발바닥 등을 이용하여 "센"이라고 하는 기의 통로를 중점을 두고 그 정체된 부분을 해소하여 몸의 활기찬 상태를 유지시켜주는 건강요법이다.

9) 스포츠 마사지

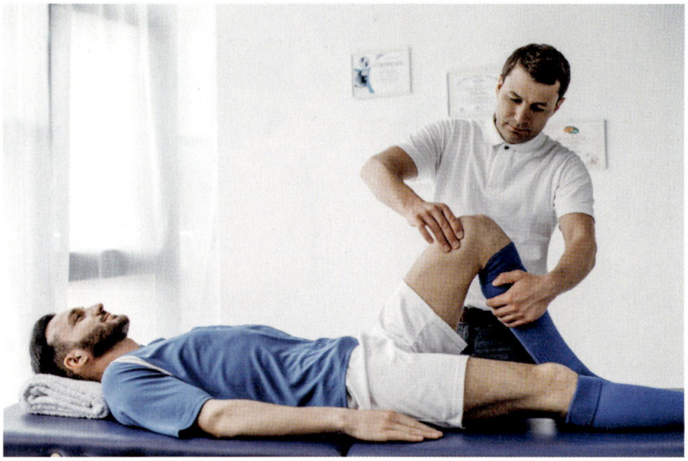

스포츠 마사지는 스포츠를 하기 전에 선수가 운동에 빨리 적응할 수 있도록 근육의 긴장을 유지시키거나 운동 후의 빠른 피로 회복을 위하여 실시하는 처치 방법을 말한다.

실제로 스포츠 현장에서 운동 전 컨디션 조절, 운동 후 피로 회복과 정서적 안정 등을 위하여 선수들에게 시술되기 시작하였다. 맨손으로 근육을 문지르거나 쓰다듬고 누르는 등 갖가지 방법으로 신경 근육에도 좋은 효과가 있다.

(1) 진정 작용

신경이나 근육의 기능이 비정상적으로 높아졌을 때 마사지를 하여 그 기능을 진정시키는 작용

(2) 반사 작용

장애가 있거나 피로한 부분에서 떨어진 다른 부분에 마사지를 실시하여 신경, 근육, 내장 등에 간접적인 자극을 가함으로써 그 반사작용에 의해 기능의 조절을 도모하는 것

(3) 흥분 작용

기능이 감퇴되어 있는 신경과 근육에 마사지를 실시하여 그 흥분도를 높이고 기능의 회복을 도모하는 작용

(4) 유도 작용

염좌, 타박상 등의 스포츠 외상으로 그 부분이 부어 오르거나 빨갛게 되거나, 아픔 등의 염증 증상이 있을 때는 처음부터 그 환부에 직접 손을 대지 말고 환부에서 떨어진 중추부를 마사지함으로써 환부를 경쾌하게 하는 작용

(5) 교정 작용

염좌, 탈구, 골절 뒤에 오는 발열, 종창 등의 급성염증이 가신 후에 장애를 입은 관절이나 주변을 직접 마사지하여 관절포, 인대, 힘줄 등의 경화를 늦추고 병적인 삼출물을 제거하는 작용

10) 딥 티슈 마사지

딥 티슈 마사지는 신체의 결합조직과, 심부연부조직에 가하는 마사지 테라피란 뜻이며 특히, 근육, 근막, 건, 인대의 문제점에 초점을 둔 치료적 개념형식의 수기 테라피이며, 신체 중력과 구조의 정렬에도 그 목적을 두고 있다.

'구축(굳개뭉침)과 단축 (짧아짐) 결합조직의 최대 이완과 정상회' 및 물리적 수기의 정밀한 효과의 만성적 통증 소멸, 근근막유착분리와 티슈 구조의 재정렬을 이룬다.'라는 뜻에서 딥티슈라고 명칭 되었다.

11) 두개골 천골요법

CST는 두 개, 천골 간의 일차 호흡의 유동적 흐름을 정상화하여, 중추신경계의 압박을 해소시킴으로써 제반 관련 문제들을 치료하는 매우 섬세한 수기적 조정 요법이다.

뇌의 리듬은 중충신경계의 체액인 뇌척수액이 뇌를 보호하는 머리뼈와 몸의 균형을 이루는 척추뼈의 기초가 되는 천골, 즉, 엉치뼈의의 규칙적인 순환에 따라 일정량이 뇌와 엉치뼈에 흐르고 있다. 만일 머리뼈와 엉치뼈의 중추신경계가 이상이 생길 경우에 각종 질병에 시달리게 되는데 머리뼈와 엉치뼈를 5~10그램의 미세한 손의 압력으로 중추신경계를 정상으로 되돌려놓는 방법이 "머리엉치요법", 즉 두개골 천골요법 영어로는 CST(CrarnioSacral Therapy)이라 한다.

마사지의 기본 기법으로는 경찰법, 강찰법, 유연법, 진동법, 고타법, 압박법, 운동법 등 기타 다양한 응용기술 및 운동요법 등이 시행되고 있다.

8. 마사지의 방법

① 방향 마사지의 방향은 안에서 밖으로, 근육 결을 따라서 아래에서 위로 실시한다.

② 속도와 리듬 일정한 리듬감을 유지하며 고객의 맥박이 뛰는 속도로 맞추며 관리한다.

③ 압력 피부의 자극을 주지 말아야 하며 피부의 상태와 고객의 느낌에 따라 강약의 압 조절을 적절하게 한다.

④ 관리 시간은 일반적으로 10~15분간 실행하는 것이 좋다.

⑤ 자세 관리사는 올바른 자세로 관리를 하여, 피로를 감소시키고 고객에게 편안함과 안정감을 줄 수 있도록 한다.

⑥ 매개체 마사지 동작의 유연성과 마찰에 의한 피부 자극을 줄이기 위해 사용하는 크림, 오일, 로션 등을 피부 타입에 맞는 제품을 선택하여 관리하며, 효과를 높이기 위해 큰 타월과 베게, 침대 등이 중요한 매개체이다.

9. 마사지의 기본동작

1) 경찰법

① 효과 : 피부 휴식, 영양공급, 모세혈관 이완

② 동작 : 손바닥 전체를 이용하여 천천히 쓸어준다.

2) 강찰법

① 효과 : 피지 분비, 신진대사 촉진, 노폐물 제거

② 동작 : 손가락 끝으로 압을 가하며 원을 그리며 가볍게 문지른다.

3) 유연법

① 효과 : 노폐물 제거 용이, 피부밑 조직까지 움직일 만큼 강한 테크닉

② 동작 : 짜는 듯하게 주무르는 방법으로 손가락 전체를 이용해서 살을 맞잡듯이 주무른다.

4) 진동법

① 효과 : 혈관확장, 뭉쳐진 근육 이완

② 동작 : 두 손을 동시에 움직이면서 고른 진동을 준다.

5) 고타법

① 효과 : 혈액순환 촉진, 탄력 증가

② 동작 : 주먹이나 손가락 전체로 피부를 빠르게 두드려 준다.

6) 압박법

① 효과 : 피지 조절 효과, 림프 흐름 촉진

② 동작 : 압을 가하면서 엄지와 검지, 약지를 이용하여 근육결 방향으로 튕기듯 마사지한다. 젖은 타월을 이용하여 피부 타입과 용도에 맞게 온도조절을 적절히 하여 피부관리 단계의 효능을 높인다.

10. 습포사용법

습포는 젖은 타월을 이용하여 피부 타입과 용도에 맞게 온도조절을 적절히 하여 피부관리 단계의 효능을 높인다.

1) 온습포

(1) 용도

클렌징 후, 마사지가 끝난 후, 바디 트리트먼트가 끝난 후

(2) 목적

① 전 단계의 잔여물 및 노폐물 제거

② 혈액순환 촉진, 이완 효과

③ 죽은 각질과 기타 불순물을 제거

④ 모공을 열어 피지, 면포를 제거

⑤ 죽은 각질과 기타 불순물을 제거

(3) 주의 사항

① 수건의 온도를 적절히 한다.
② 예민 피부, 모세혈관 확장 피부, 화농성 여드름 피부는 피한다.
③ 고객에게 긍정적으로 느낌을 전달한다.

2) 냉습포

(1) 용도

주로 피부관리의 마지막 단계, 진정 단계 시 사용

(2) 목적

진정 효과, 수렴 효과

(3) 주의 사항

① 노폐물 제거용으로는 적절치 않다.
② 고객에게 긍정적으로 느낌을 전달한다.
③ 혈관수축으로 염증 및 홍반현상을 완화시켜준다.
④ 모공수축으로 피부 수렴, 긴장감, 탄력감을 부여시켜 준다.
⑤ 자극을 받은 피부에 진정 효과가 탁월하다.

B E A U T Y
M A S S A G E
T H E R A P Y

CHAPTER 2

스톤테라피

1. 스톤테라피의 정의 및 유래
2. 스톤의 종류 및 보관방법
3. 스톤테라피에 필요한 스톤
4. 스톤테라피의 원리와 미용적 적용
5. 스톤테라피의 효능 및 주의사항
6. 스톤테라피의 테크닉
7. 차크라 스톤

CHAPTER

2

스톤테라피

1. 스톤테라피의 정의 및 유래

1) 스톤테라피의 정의

스톤테라피는 돌에 물과 공기, 흙과 불 등 대자연의 에너지를 담아 활력을 몸속 깊이 전해 주어 신체의 균형과 리듬을 원활히 해준다. 고대 치료요법 중 하나로 전해지는 스톤테라피는 인체의 균형 및 몸속의 독소를 제거하는 세정작용뿐만 아니라 면역력 향상과 질병 예방 및 피부 미용에도 효과적으로 이용되고 있다. 1990년 초반 미국 애리조나 주에서 메리 하니건(Mary Nelson Hannigan)에 의해 스톤테라피 마사지로 개발되어 데스티네이션 스파, 호텔, 리조트 스파, 데이 스파 등의 테크닉으로 알려져 있다.

2) 스톤테라피의 유래

스톤테라피는 각 나라와 민족들마다 양생을 위한 전통 민간요법으로 이용돼 왔으며, 테크닉은 각각의 민족마다 다양한 방법으로 이어져 내려오고 있다.

(1) 동양

① 중국

고대 중국의 은나라에서는 음과 양이라는 한방적 원리를 활용하여 밝은 빛깔의 돌과 어두운 빛깔의 돌을 구분하여 근육통을 치료하였다. 중국인에게 스톤테라피는 뜸질, 호흡과 함께 중국 의서에 기록되어 있으며 즉, 동한 시대 이후 주요 치료 및 부대적인 치료 방법으로 사용되어 왔음을 중국 고대 의서에 기록되어 있다.

② 일본

일본 수도승들은 먼 길을 갈 때 허리띠에 따뜻하게 데운 돌을 두르고 다녀 하복부의 기능을 강화시켜 피로회복 및 질병 예방 목적으로 사용하였다. 현재까지도 일본의 온천에는 돌들을 바닥에 깔아두고 그 에너지를 이용하고 있다.

③ 필리핀

피부 건강을 위해 물에 뜨는 성질을 가진 부석을 이용하여 건조하고 노화된 피부를 벗겨내는 방식을 고대부터 지금 현재까지 목욕 중에 사용하여 피부 건강을 유지하고 있다.

④ 한국

현무암을 이용하여 맷돌 및 절구를 사용하고 구들장에 열을 가하여 난방효과 및 피부에 습이 침투하지 않도록 보호하였다.

(2) 서양

고대의 아메리칸 인디언들이 정신적, 육체적 균형을 위하여 이용한 힐링 방법에서 그 유래를 찾아볼 수 있다. 북미 원주민들은 태양열로 데워진 돌을 여성의 배 위에 올려 경혈을 찜질하여 생리통을 치료하였으며 데워진 돌을 발가락 사이에 끼워 원기 회복하는 데 사용했다.

러시아인들은 혹독한 추위와 긴 겨울을 극복하기 위해 욕조 바닥에 뜨거운 돌을 깔고 그 위에 누워 열에서 발산되는 에너지를 받아 건강을 유지했다. 또한 고대 인류 문명의 유적지들에서 공통적으로 발견할 수 있는 거석문화는 하와이의 카후나스족들에게 돌은 건강과 부족의 보호로서 상징되었음을 알 수 있다.

2. 스톤의 종류 및 보관방법

스톤테라피에 이용되는 돌의 크기, 색깔 및 성질 등에 따라 그 효과가 다르므로 스톤테라피에서 가장 중요한 것은 돌이다.

1) 스톤의 종류

(1) **현무암** Basalt stone

현무암은 변성 화산암으로 염시성 사장석과 휘석, 감람석이 주성분을 이루고 있어 흑색이나 청회색의 단단한 암석이다. 지하 1000km 이하, 1200~1400℃ 마그마가 응고되어 있어 각종 미네랄이 풍부하고 천연 옥보다 높은 7~13μm의 원적외선을 방사한다. 이는 인체가 가지는 적외선 파장, 즉 3~50μm에 가까운 파장을 가지므로 인체에 가장 빠르게 흡수되어 근육 표피층까지 침투하여 열반응을 일으키는 특성이 있어 피하 심층의 체온을 상승시켜 모세혈관을 확장시켜 혈액순환을 촉진시킨다. 현무암은 작은 기포들이 있어 화산암 돌 속에 남아 굳어져 있는 기포에서 열에너지를 오랫동안 가지고 있으며 표면 밀도가 높아서 스톤테라피에서 사용하기에 적합하다.

현무암

(2) **대리석** Marble stone

대리석은 일종의 변성암으로 찬 기운을 가장 오랫동안 간직하는 성질을 가지고 있다. 돌로마이트나 석회암의 변성 작용을 받아 재결정된 변성암으로 유기물질인 탄산칼슘을 90% 함유하는 단일결정체의 구조를 가지고 있다. 이러한 대리석은 열과 압력에 의한 석회암의 변질에 의해 석회암 속의 방해석은 변화하고 서로 맞잡은 알갱이들이 자라면서 화석들과 원래의 석회암에 층을 이루면서 방해석은 소멸된다. 대부분 흰색, 핑크빛, 노란빛을 띠며 진정 효과, 모세혈관 수축 및 쿨링(Cooling) 효과가 있다.

대리석

(3) 변성암 Metamorphic

변성암은 기존 암석이 만들어진 때와 다른 온도와 압력을 받게 되면 반응을 일으켜 새 환경에 알맞은 광물이 되면서 암석의 조직도 변하게 되거나 마그마와 광물 사이의 반응으로 새로운 조직이 생성되어 암석의 성질이 바뀌게 된다. 석회암, 셰일, 사암, 현무암 등이 있는데 그중에서 현무암이 가장 다량으로 나타난다. 변성암들은 인체에 무해한 광물질로 이루어져 있으면서 유익한 성분까지 포함되어 있는 경우도 있다.

변성암

2) 스톤의 보관방법

스톤테라피 직후 돌에 묻은 오일 및 피부에서 분리된 각질로부터 박테리아가 생성되기 전에 돌 세척을 해야 한다. 스톤의 보관방법은 아래와 같다.

① 사용한 스톤은 세척을 위해 따로 모아둔 후 세제를 푼 미지근한 물에 세척한다. 충분히 헹군 후에 물기 제거 및 완벽한 소독을 위해 햇빛에 널어둔다.

② 스톤의 에너지 재충전을 위해 바닷물이나 소금물에 48시간 담가둔 후 물에 헹구어 잘 말린다.

③ 온도 상승을 위해 온장고나 오븐에 넣지 않는다.

④ 콜드 스톤 사용 후 알코올로 닦아둔다.

3. 스톤테라피에 필요한 스톤

스톤테라피 관리 시 대상과 부위에 따라 돌의 모양 또는 크기는 각각 다르게 사용되므로 스톤테라피에서 가장 중요한 것은 돌의 형태이다. 예를 들어 발 마사지를 위해서는 납작하고 작은 돌을 발가락 사이에 끼워서 따뜻한 기운을 불어넣어야 하고 어깨, 등 뭉침은 매끈하고 납작한 돌이 필요하다. 또한 용도에 따라 돌의 색깔 및 종류를 선택하여 사용해야 한다. 흰색의 대리석은 차가움을 유지하는데 효과적이어서 근육 수축을 필요로 할 때 사용되고, 검은색의 현무암은 열을 오래 유지하는 성질이 있어서 만성 통증 완화 및 근육 이완을 위해 사용된다.

4. 스톤테라피의 원리와 미용적 적용

스톤테라피는 스톤의 에너지와 기를 이용한 냉 · 온열요법으로 마사지와 더불어 신체를 편안하게 진정시켜 주고 심신을 조화롭게 하여 림프 흐름을 원활하게 해주는 힐링 요법이다.

스톤의 에너지는 강력한 병부 전위적(Metasthetic) 에너지로서 손으로 하는 마사지 테크닉보다 훨씬 강력하다.

1) 핫스톤 Hot stone

데워진 스톤을 신체에 올려놓으면 돌의 열에너지와 중력 에너지의 상호 작용으로 마사지 효과를 볼 수 있고 원적외선의 파장과 미네랄이 근육층 깊숙이 침투하여 혈액의 흐름이 증가하게 된다. 신진대사의 증진으로 인해 산소 공급이 원활해지고 독소와 노폐물이 제거되며 원활한 혈액 순화을 통해 부종이 감소되어 지방의 연소를 촉진시켜준다. 스톤의 온도가 12℃ 증가할 때마다 신진대사는 약 10~15% 증진하게 된다. 핫스톤의 온도는 49~58℃가 적당하며 열기를 오랫동안 간직하기 위해 주로 현무암을 이용한다.

2) 콜드스톤 Cold stone

차가운 스톤은 혈관을 수축시키는데 이때 인체는 항상성 유지를 위해 심장에 더 빠른 속도로 혈액을 보내주게 된다. 이로 인해 혈액 순환이 빨라지며 근육조직과 기관이 따뜻하게 되면서 콜드 스톤을 댄 부위는 새롭게 생성된 많은 양의 혈액이 공급되어 자연치유가 활발하게 이루어지면서 염증이 가라앉게 된다. 콜드스톤의 온도는 신체 온도인 36.7℃보다 낮아야 한다. 콜드스톤은 근육의 과다 사용으로 인한 부기, 여드름 압출 후, 태닝 후나 이가 충혈되었을 때 주로 사용되고 있다.

3) 핫스톤과 콜드스톤의 교차사용

핫스톤과 콜드스톤의 교차사용은 스톤의 에너지와 열전도가 전신으로의 정화 및 진정 효과를 부여하며 좋은 기를 흐르게 하는데 효과적인 대체요법이다. 적응증으로는 허혈(Ischemia) 부위에 혈액을 보내고 충혈(Hyperemia) 부위로부터 혈액을 제거할 때 사용된다.

4) 미용적 활용

Rainbow stone	돌과 색을 이용하여 인체의 에너지 밸런스를 회복시키는 관리요법
Meridian stone	경락의 흐름을 원만하게 해주는 스톤과 경락 마사지
Chakra stone	에너지 포인드인 차크라를 이용한 스톤마사지
Soothing touch	웜스톤을 이용하여 경직된 근육을 이완시켜주는 마사지
Utopia	스트레스 받은 인체에 스톤의 에너지를 이용하여 전신관리로 아로마와 병행 시 효능 상승
Earth & Stone	인체의 머리에서 발끝까지 자연이 가져다주는 표현할 수 없는 기쁨을 느낄 수 있는 릴랙세이션을 위한 스톤 마사지
Marine dream	보디 랩핑과 스톤 마사지를 결합한 마사지
Hawaiian stone	리드미컬한 스톤 마사지로 스톤과 테라피스트의 손끝이 인체의 뭉친 독소를 해독하고 순화시켜주는 마사지
Joy of stone	통증 부위를 스톤으로 가볍게 눌러주어 통증을 잊게 하는 스톤 마사지
Moon stone	콜드스톤을 이용한 페이셜 관리

5. 스톤테라피의 효능 및 주의사항

1) 스톤테라피의 효능

(1) 온열

물, 불, 흙 등의 자연에너지가 함축되어 있는 돌은 신체의 표면 온도보다 신체 내부의 온도를 따뜻하게 해주는 기능이 뛰어나며 인체의 체온을 빠른 시간 안에 적정 체온으로 유지시켜준다. 스톤테라피는 돌의 온열효과를 이용하여 인체의 균형을 조정하고 몸속 독소를 제거 및 세정작용을 하여 건강 유지와 더불어 피부 미용까지 효과적이다.

(2) 통증 완화 및 스트레스 이완

핫스톤을 이용하여 근육 깊숙한 조직까지 강하게 마사지하면 근육통 등 통증을 완화시켜주며 만신피로와 긴장을 해소시켜 주는 효과가 있다. 돌을 몸에 얹어 놓을 때 생기는 공명에너지는 스트레스를 제거하고 머리, 얼굴, 손, 발, 발끝까지 휴식 에너지와 치유 에너지가 전해진다.

(3) 독소 배출과 면역력 강화

현무암이 보유한 철분과 미네랄 및 원적외선의 상호작용으로 강력한 에너지를 형성하여 인체의 적정 열 균형을 맞추어 인체 내에 축적된 노폐물이나 여분의 지방분을 체외로 배출시켜 준다. 또한 데워진 현무암은 열에너지를 인체 깊숙이 침투하여 혈액순환과 림프순환을 촉신함으로써 인제의 성장 촉진과 면역력을 강화시켜 준다.

(4) 피부 진정 및 탄력 증가

스톤의 공명에너지로 인해 활성화된 세포가 1분에 200번씩 활발하게 움직여 세포조직 재생 및 활성화시켜 신진대사 촉진, 노화 방지를 하는 효과가 있다.

2) 스톤테라피의 시술 시 주의사항

(1) 스톤테라피 주의사항

① 마사지 전에 반드시 스톤의 온도를 확인해야 한다.

② 핫스톤 사용 시 고객의 몸에 닿지 않도록 주의해야 한다.

③ 매우 얇고 민감성 피부, 정맥류, 빈혈 및 종창이 있는 경우에는 가벼운 압을 적용하고 온도 조절에 주의해야 한다.

④ 어린이의 경우는 특히 온도에 유의하고 보호자 동반 하에 장시간 적용하지 않는다.

⑤ 변비, 치통, 교상, 멍의 증상에는 핫스톤보다 콜드스톤이 더 좋다.

(2) 스톤테라피의 금기사항

① 긴장, 심한 우울증 등 정신적 장애

② 임산부

③ 화학요법과 방사선 치료 직후, 암 환자

④ 정맥류

⑤ 뇌전증 환자

⑥ 신장질환

⑦ 골다공증 환자 척추질환 환자

⑧ 피부질환자

⑨ 고혈압 및 심장질환자

⑩ 혈전증과 색전증

⑪ 초저체중 환자

⑫ 심장에 과도한 긴장 상태의 고도비만 환자

⑬ 면역성이 저하된 자

⑭ 감각 불능, 신경 손상이 있는 질병이나 신경장애

6. 스톤테라피의 테크닉

1) 스피닝 Spinning

적당한 무게감을 가진 크고 평평한 스톤을 복부에 두고 시계방향으로 지그시 눌러 주면서 천천히 회전하는 마사지 테크닉으로 스파테라피보다 단기간에 효과를 볼 수 있다. 주로 설사나 대장염 등 소화기계통의 신진대사를 눈에 띄게 증강시켜준다.

2) 글라이딩 Gliding

표면이 매끄럽고 큰 현무암을 이용하여 딱딱하게 굳은 근육을 가볍게 마사지해주는 테크닉이며 이 기법은 피부를 부드럽고 매끈하게 만들어준다.

3) 플리핑 Flipping

핫스톤과 쿨링스톤을 교차로 사용하여 경직된 근육이나 신체 부위를 가볍게 튕겨 올리는 마사지 테크닉으로 순서는 쿨링스톤을 먼저 한 후 핫스톤으로 가볍게 눌러주면서 마무리 마사지를 한다.

4) 탭핑 Tapping

스톤을 올려놓은 신체 부위에 열에너지가 모으로 전도되는 동안 다른 스톤을 사용하여 미리 올려둔 돌을 가볍게 두드려주는 마사지 테크닉이다. 탭핑은 인체의 면역 시스템을 통제하는 기관인 흉선의 기능을 강화시켜 가슴의 흉선을 치유하는데 효과적이다.

5) 코쿤닝 Cocooning

코쿤닝은 팔과 다리 아래에 타월을 깔아 필요한 만큼의 스톤을 사용하여 고치처럼 둥글게 전체적으로 감싸주는 마사지 테크닉으로서 근육이나 조직이 심하게 굳어있거나 손상되었을 때 사용한다. 핫스톤 코쿤닝(Hot stone cocooning)과 콜드스톤 코쿤닝(Cool stone cocooning)을 교차하여 사용하면 팽창과 수축이 되어 더욱 큰 상승효과를 보게 된다.

6) 엣징 Edging

엣징은 스톤의 한쪽을 손에 쥐고 스톤의 모서리로 근육을 깊숙이 문질러주는 마사지 기법으로 딥 티슈(Deep tissue) 마사지에 매우 효과적인 테크닉이다.

7) 플러싱 Flushing

인체의 독소를 배출시켜 긴장을 풀어준다는 의미의 'Terminal clearance'라고 불리는 플러싱은 핫스톤의 평평한 가장자리 부분을 인체의 말초신경에 다림질하듯이 글라이딩하여 긴장을 풀어주는 마사지 테크닉이다.

7. 차크라 스톤

차크라(Chakra)는 하늘을 채우는 정기의 몸의 에너지 중심으로서 고대의 크리스탈 치료술에서 변형된 준 보석에서 발산되는 에너지를 사용한다, 7개의 차크라는 호르몬 활동인 내분비 기능을 포함하여 인체의 각각의 기능에 관여한다. 차크라 스톤에서 나오는 특유의 에너지는 막혀진 부위에 에너지 흐름을 도와주어 우주 에너지와의 집중적인 접촉을 만들어낸다. 또한 자율신경의 밸런스를 조절하고 기능 강화 작용을 한다.

1) 1차크라

뿌리 차크라(Root Chakra)로 생식기 회음부에 해당한다. 개인을 육체적 세계에 연결하고 생명력과 정력 및 기를 관여한다.

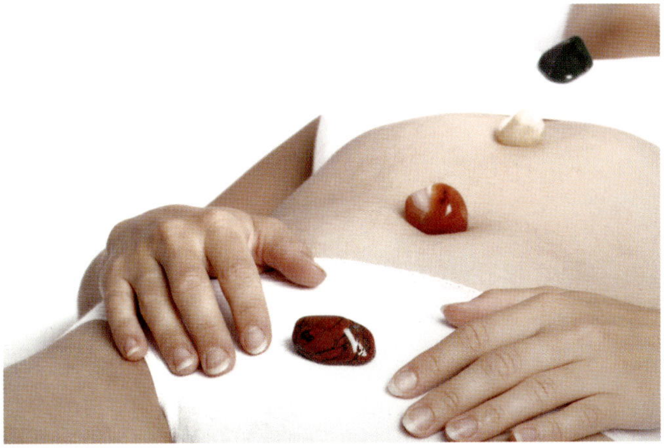

2) 2차크라

성 차크라(Sexual Chakra)로 단전 생식기에 해당하며 성 에너지의 느낌을 다스리는 감정 에너지이기도 하면서 방광과 대장의 기능과 연결되며 뇨의 소리, 상태 등으로 판별한다. 성 에너지의 중심으로 성욕 및 창조성의 기능을 한다.

3) 3차크라

성격 차크라(Personality Chakra)로 영감, 지혜, 판단력의 기능을 가지고 있고 배꼽과 명치 사이에 위치하며 생리 및 소화를 담당하는 투쟁 에너지이며 간 기능과 장운동에 해당한다.

4) 4차크라

감정 차크라(Heart Chakra)로 흉선에 해당하며 양가슴 사이, 배꼽과 심장 사이에 위치한다. 불균형 시 위선적 사랑을 하며 자기 자신도 사랑하기 힘드는 불균형 상태를 나타날 때 4차크라는 두려움 없는 사랑의 능력 및 예술, 음악으로 감정을 표현하는 기능을 가지고 있다.

5) 5차크라

호흡과 목소리 및 폐를 직접 관장하며 호흡기관을 다스리며 인두부에 위치한다. 감정 표현, 자기표현에 대한 기능을 가지고 목소리와 호흡은 일정한 개성을 내포하고 있어 지속적인 신체의 진동을 유발하게 된다.

6) 6차크라

지식 차크라(Knowledge Chakra)로 불리며 두 눈썹 사이에 위치한다. 제3의 눈이라고 불리며 이성적이 활동과 정신적 능력과 직결된 부위이며 뇌하수체에 해당한다. 초인적 시력 및 투시력과 내면의 세계를 이해하는 기능을 가지고 있다.

7) 7차크라

두뇌 차크라(Crown Chakra)로 정신작용애 해당하며 정수리에 위치하고 있다. 지혜의 장소이면서 우주와 하나가 되는 신성과의 연결점이기도 하다. 초의식, 영적 깨달음, 정신적 컨트롤의 기능을 가지고 있다.

CHAKRA SYSTEM

B E A U T Y
M A S S A G E
T H E R A P Y

CHAPTER 3

향을 이용한 테라피

CHAPTER

3 향을 이용한 테라피

1. 향을 이용한 테라피의 개념 및 역사

1) 아로마테라피의 정의

아로마테라피(Aromatherapy)는 '향기, 냄새'를 뜻하는 아로마(Aroma)와 '치유, 치료'를 뜻하는 테라피(Therapy)가 합해져서 이루어진 단어로 뜻 그대로는 '향기를 이용한 치료법'을 의미한다. 그러나 현재의 아로마테라피는 메디컬 치료뿐 아니라 미용, 심리, 생활 건강 등 다양한 면에서 인간의 질적 삶을 높이는 데 기여하고 있다.

2) 아로마테라피의 역사

(1) 고대의 아로마테라피

① 원시 시대

약 18,000년 전 구석기 시대부터 프랑스의 동굴벽화에서 식물을 주술적, 의학적 목적으로 사용한 내용이 발견되었다. 식물학자들은 신석기 시대(6,000~9,000년 전)에 최초로 참깨, 올리브, 아마씨에서 추출한 식물 성분을 사용했다고 말한다.

② 인도

인도의 아유르베다(Ayurveda)는 고대 인도의 힌두교 경전 '베다(Veda)'에 의해 전승된 전통 의학으로 서양 문화권에서 대체의학으로 주목받으며 널리 알려졌다.

아유르베다는 인도 아리아계 고대 언어인 산스크리트어로 '의학' 전체를 포괄하는 용어로 '생활의 과학'을 뜻하기도 한다. 아유(Ayu)는 '삶' 또는 '일상생활'을 의미하며, 베다(Veda)는 '앎'이라는 뜻을 지니고 있어 생명 의학, 장수 요법, 삶의 지식 정도의 의미로 해석할 수 있다.

아유르베다는 현존하는 가장 오래된 기록으로 알려진 베다(Veda)에 맨 처음 기록되었으며, 기원전 2500년경부터 힌두교도의 전승 의학으로 출범해 초기에는 주로 치과 및 안과 치료나 정형수술 등의 외과적 의술을 바탕으로 한 민간요법이었으나, 철학 사상과 결합하여 식이요법 · 호흡요법 · 약물요법 · 마사지요법 등을 총체적으로 융합한 전통 의술로 체계화되기 시작했다. 아유르베다는 다양한 식물에서 추출한 성분들을 분류하고, 체질 및 몸 상태에 맞추어 처방하는 법을 가르쳤으며, 고대 인도의 많은 문헌과 처방은 유럽으로 전파되어 그리스 식물학자 디오스코리데스(Dioscorides)에 의해 1세기경에 응용되었다. 우리에게 잘 알려진 로즈, 진저, 미르 등의 식물과 인도의 치료 식물들은 이후 로마 시대에 많은 영향을 주었다.

③ 중국

중국은 고대에서 현대에 이르기까지 약용으로 사용되는 식물들의 치료적 효능에 관심을 갖고 인간과 자연 만물의 순환과 조화에 대해 깊이 탐구하였다. 약물에 관한 가장 오래된 문헌으로 알려진 '신농본 초경'에서는 365종의 약물의 맛과 성질에 대해 서술하고 약물이 배합되는 처방 원리를 구체적으로 기록해 놓았으며 독성에 따라 상약, 중약, 하약으로 나누어 상약은 몸에 기를 붙고 독이 없으므로 장기 복용할 수 있으며, 중약은 독성이 약해 질병을 치료하고 몸을 이롭게 하는데 사용되고, 하약은 독이 많으므로 병을 치료하는 것에만 사용하고 오래 복용할 수 없다고 분류하였다.

④ 이집트

이집트인들은 왕의 사후세계를 위해 시체가 부식되지 않도록 미르, 시나몬, 주니퍼, 카다몬, 유향 등의 방향성 수지를 사용하여 시체에 염을 하고 송진, 클로브, 넛맥 등의 향신료를 이용해 아마천으로 미라를 만들기도 하였다. 또한 B.C 300년경부터 증류법을 개발하여 오일을 추출하여 사용했다.

⑤ 그리스

B.C 400년경에 헤로도토스(Herodotus)와 데모크라테스(Democrates)는 이집트를 방문하여 이집트의 발달된 향수에 관해 공부하여 메디칼 학교를 설립했다. 의학의 아버지라 불리는 히포크라테스(Hippocrates)도 여러 종류의 에센셜 오일 치상이 방법을 치료하였으며, “건강을 유지하는 최상의 방법은 향기로운 목욕과 향유를 바르는 것이다”라고 말하였다. 데오파라투스(Theophratus)는 '식물학의 탐구(Enquiry into Plants)'라는 책을 저술하여 훗날 식물학의 아버지로 불렸다. 그는 자스민의 향이 낮보다 밤에 향이 더 진하다는 것을 발견했다.

⑥ 로마

그리스의 영향을 받은 로마는 고체 향수 'Iadysmata', 향유 'stymmata', 향분 'diapasmata' 등을 사용하여 주로 신체 부위나 옷, 침대 등에 향수 목적으로 사용했다. 또한 라벤더의 어원인 lamare는 라틴어로 '씻다'라는 의미를 담고 있는데, 로마인들은 이 라벤더를 향기 나는 목욕을 하기 위해 사용하였다.

⑦ 산업혁명 이후

산업혁명과 함께 유기 화학의 발전으로 화학자들은 다양한 추출법과 조향기기를 만들어 제조 기술을 발전시켰다. 향 또한 화학적인 방법으로 식물, 동물을 막론하고 다양한 추출물을 얻어내는데 성공하여 식물성 향료에서 동물성 항료, 합성 향료애 이르는 새로운 향을 만들어 갔다. 불과 200여 가지의 방향물에서 오늘날 4000가지 이상의 물질을 추출하게 된 것이다.

(2) 현대의 아로마테라피

현대 아로마테라피는 크게 세 부류로 구분할 수 있다.

① 프랑스 중심의 아로마테라피

프랑스를 중심으로 한 유럽 국가에서는 아로마테라피의 메디컬적인 측면이 인정되어 의학의 한 분야로서 자리매김하고 있다.

㉠ 르네 모리스 가테포세(Rene Maurice Gattefosse)

프랑스의 화학자로서 라벤더의 항염효과를 발견하여를 계기로 가테포세는 식물의 아로마 성분에 대해 활발히 연구하였다. 1937년 '아로마테라피(Aromatherapy)'라는 책을 출판하였고 그의 연구는 아로마테라피에 대한 사람들의 관심 및 연구성과를 높이는 중 추가되었다.

르네 모리스 가테포세

㉡ 장 발레(Jean Valnet)

가테포세로부터 에센셜 오일 사용방법에 대한 연구를 이어받아 2차 세계대전 당시 부상당한 군인들 치료 목적으로 적극 사용하였다. 1964년 출판된 '아로마테라피(Aromatherapie; The Practice of Aromatherapy)'는 아로마테라피스트의 교본으로 많이 사용되었다.

장 발레

Ⓒ 마가렛 모리(Marguerite Maury)

프랑스 생화학자인 마가렛 모리는 장 발레의 아로마테라피 연구를 응용, 발전시켜 에스테틱(Aesthetic) 및 의학에 접목하여 마사지에 기초를 둔 아로마테라피를 연구하였다. 1961년 '생명과 젊음의 비결(LeCapital Jeunesse ; The Secret of Life and Youth)'을 출판하여 마사지 및 사람의 마음에 변화를 줄 수 있는 심리치료 물질로서 에센셜 오일의 중요성을 강조하였다.

마가렛 모리

② 홀리스틱 아로마테라피

아로마테라피의 효능을 통해 몸(Body), 마음(Mind), 영혼(Soul)의 조화를 이루는 홀리스틱 아로마테라피를 추구하는 경향이다. 기존 아로마테라피의 의미인 '증상에 대한 적용법'의 차원을 넘어, 개인 주도 아래 '웰빙(well-being)과 삶의 즐거움을 찾을 수 있는 도구로 이해하는 전인론적 테라피(Holistic therapy)를 추구한다.

③ 아로마콜로지

아로마콜로지는 향기(Aroma)와 심리학(Psychology)의 합성어로 향의 생리적 · 심리적 효과를 나타내고 있다. 과학적 방법에 의한 '향기 연구'는 의미 있는 연구 결과들이 지속적으로 발표되고 있다.

2. 에센셜 오일의 개론

1) 에센셜 오일의 정의

에센셜 오일은 식물의 뿌리, 줄기, 꽃, 열매 등에서 추출한 휘발성이 있는 정유를 의미한다. 에센셜 오일은 식물의 생존을 위한 자연 반응적 결과물로서 추출되는 식물은 방향식물이라 불리는 약 3500종 중에서 약 200여 종이다.

2) 에센셜 오일의 주요 성분

에센셜 오일은 수십에서 수백 가지의 천연 화학 성분으로 구성된 혼합물이며, 이러한 천연 성분들의 구성과 다양한 조합에 의하여 아로마 특유의 향과 기능을 가지게 된다. 기본 골격 구조는 테르펜(terpene)류와 페닐 프로판(phenyl propane)류이며 여기에 다양한 유기 작용기들과 결합한 하부 구조를 형성하고 있다.

성분명		화합물 구성성분	주요 특성	에센셜 오일
모노테르펜 탄화수소		피넨, 리모넨,사비넨, 캄펜,미르신, 펠란드렌	항바이러스,강장, 거단 활성화 작용, 진통	레몬, 오렌지, 만다린, 파인, 사이프러스, 편백,버가못
세스키테르펜 탄화수소		비사볼렌,카마쥴렌, 카요필렌, 진지버렌	항염, 소염, 항박테리아, 항바이러스	에버레스팅, 캐모마일, 야로우, 블랙페퍼, 진저
알코올	모노테르펜 알코올	시트로네롤, 리나롤, 제라니올	항진균, 항균, 혈관수축, 진정 항바이러스, 강장	라벤더, 로즈, 로즈우드, 마조람, 유칼립투스, 제라늄, 팔마로사, 일랑일랑, 주니퍼베리, 티트리
	세스키테르펜 알코올	산타롤, 파네솔, 비사볼룰	항바이러스, 항균, 항발암, 방취	네롤리, 로즈, 레몬그라스, 시트로넬라, 샌달우드, 캐모마일
페놀		티몰, 카바크롤	면역계 자극, 피부자극, 항균, 강장	아조완, 오레가노, 타임
에테르		미리스티신, 유게놀, 아네톨, 사프롤	진경, 항균, 진통	인디안베이, 바질, 타임, 사프란, 넛맥, 펜넬
에스테르		제라닐 아세테이트, 리나릴 아세테이트, 메틸살리실레이트, 사비닐 아세테이트	진경, 신성안정, 항장균, 항염, 신경강화	클라라 세이지, 캐모마일, 라벤더, 스윗 마조람,제라늄
케톤		자스몬, 이탈리돈, 펜콘, 멘톤, 캠퍼, 플레건	상처치료, 진통, 항바이러스, 항출혈, 점액질분해	에버래스팅, 펜네르페파민드, 자스민
알데하이드		시트로네랄, 시트랄, 제라니알, 네랄, 시남알데하이드, 바닐린	항진균, 신경안정혈관확장, 혈압강하, 항염	시트로넬라, 멜리사, 레몬그라스, 메이창, 벤조인, 레몬, 시나몸 바크
옥사이드		1,8-시네올	진통, 거담, 항바이러스	티트리, 로즈마리, 유칼립투스
락톤, 쿠마린		알란토락톤, 이소알란토락톤, 세스퀴테르펜락톤, 헬레나린, 버갑텐, 버가모텐	점액질분해, 거담, 항염, 혈압강하, 진정, 진통	버가못, 엘레캄펜

3) 에센셜 오일의 작용 방식

에센셜 오일은 흡수, 분포, 대사 및 배설을 통해 우리 몸속에서 다양한 약리작용을 일으킨다. 우리 몸속으로 에센셜 오일을 흡수 후 혈관 내 호르몬과 효소에 반응하고 화학적 과정을 통해 생체와 상호 작용하여 생체 내 수용체와 결합하는 등의 반응을 거쳐 정상적인 생체기능을 활성화 및 억제하는 효과를 가진다. 또한 에센셜 오일의 분자는 호르몬 분비 및 신체 내의 각 기관이나 조직에 영향을 끼쳐 면역기능을 높여주고 심신의 조화를 유지하도록 한다. 에센셜 오일 중 라벤더 향은 시상하부로부터 심신을 진정시키는 세로토닌(serotonin) 생리활성물질을 분비시키고 레몬의 리모넨 성분은 혈관을 확장시켜 원활하게 혈류가 흐르도록 도와 체온을 상승시키는 효과가 있다.

4) 에센셜 오일의 추출방법

(1) 압착법 Expression process

압착법은 열을 가할 필요가 없어 식물 자체 성분이 그대로 남아 있다. 에센셜 오일이 그대로 얻어지므로 불순물에 유의해야 한다. 에센셜 오일 중 오렌지, 버가못, 레몬같은 감귤류(citrus fruits)가 압착법을 사용한다.

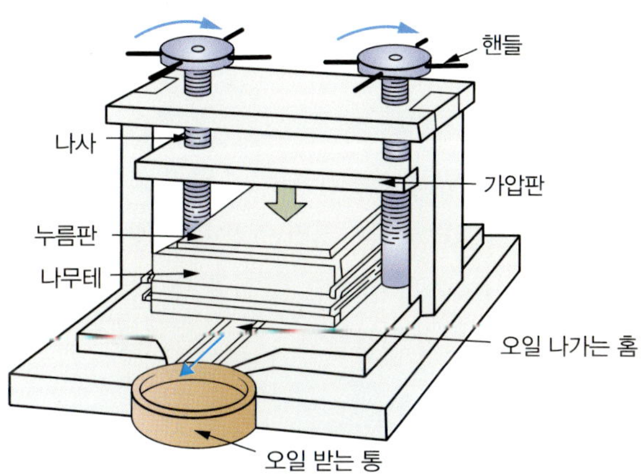

압착법

(2) 증류법 Distillation

커다란 탱크 안에 선택된 식물(꽃줄기, 잎 등)을 넣어 탱크의 아랫부분을 불로 가열하여 증기를이용하여 세포벽 사이에서 에센스가 분리되며, 수증기와 같이 차가운 물로 가득 찬 응축관을 통과한 물과 에센셜 오일 중 에센셜 오일만 분리한다. 이때 남은 증류액은 플로럴 워터로 사용할 수 있다.

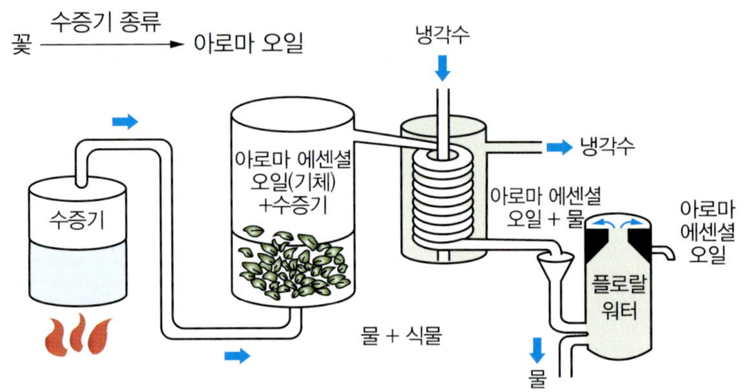

증류법

(3) 용매추출법 Solvent extraction

① 휘발성 유기용매 추출법 (Extraction with volatile solvents)

휘발성 유기용매(Hexane : 헥산)를 이용하여 꽃에 본포하면 꽃의 색소와 에센셜 오일을 용해시키는데 용매제는 여과되고 잔여물은 콘크리트(Concrete)가 된다. 콘크리트를 알코올로 녹인 후 지방과 왁스를 용해 후 여과시켜 왁스를 제거하고 농축시키면 에센셜 오일을 얻을 수 있다. 이때 얻은 에센셜 오일을 앱솔루트라고 한다. 이 방법은 로즈, 자스민 등 식물 내 에센셜 오일의 함량이 적은 고가의 에센셜 오일을 생산하기 위해 주로 사용되며 화장품업계, 향수업계에서 널리 사용되고 있다.

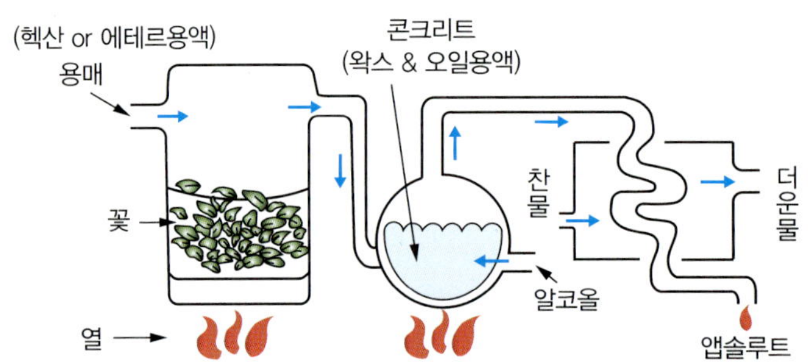

용매추출법

② **온침법** (Maceration)

추출할 식물을 식물성 오일(해바라기유, 호호바, 올리브유 등)에 넣어 장시간 햇빛에 노출시켜 그 식물을 걸러내고 새로운 식물을 넣는 방법으로 여러 번 반복하여 식물에서 향과 지용성 성분을 얻어내는 방법이다. 두꺼운 잎이나 줄기, 씨 등은 잘게 으깨서 넣으면 추출이 좀 더 용이하고 마른 식물보다 싱싱한 식물에서 많은 향을 얻어낼 수 있다.

온침법

③ **냉침법** (Enfleurage)

유리판에 지방(shassis : 동물성)을 얇게 바르고 그 위에 신선한 꽃잎들을 깔아놓는다. 지방에 오일이 흡수된 꽃잎을 떼어내고 다 새 꽃잎으로 바꾸어 놓는다. 반복되는 과정을 통해 꽃의 에센셜 오일은 지방으로 옮겨진다. 지방에 에센셜 오일이 포화될 때까지 반복해 얻어지며 아로마 향이 함유된 지방 혼합물을 포마드(pomade)라고 한다. 포마드는 몇 회에 걸쳐 꽃잎을 교환했는가에 따라 포마드 번호(number(NO.))가 정해지며 지방을 제거하기 위하여 알코올에 녹여 에센셜 오일을 농축시켜 얻어낸 것이 앱솔루트이다.

④ **초임계 이산화탄소 추출법** (Hyper-critical carbon dioxide extraction)

액체도 아니고 기체도 아닌 상태인 초임계 상태의 이산화탄소를 이용하여 에센셜 오일을 추출하며, 임계온도가 33도가 되면 이산화탄소는 기체화되어 빠르게 확산되고 액체처럼 용제가 된다. 용제가 된 이산화탄소를 제거하면 순도가 높은 에센셜 오일을 얻어낼 수 있다. 이렇게 얻은 에센셜 오일은 저온, 고압에서 진행되기 때문에 열에 의한 손상이 거의 발생하지 않고 추출은 단시간에 끝나기 때문에 방향물질과 용제 사이의 화학반응도 일어나지 않는다. 다만 200 이상의 높은 고압이 필요하기에 매우 무거운 스테인레스 컨테이너 장치가 필요하다는 단점이 있다.

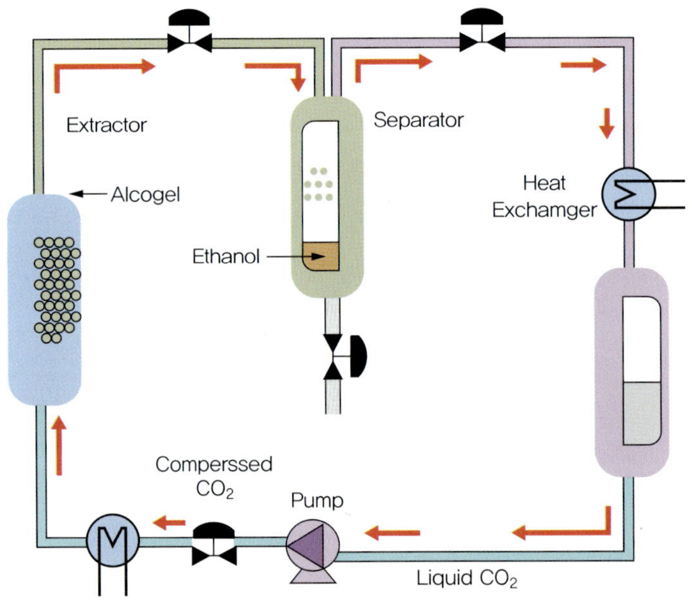

초임계 이산화탄소 추출법

5) 에센셜 오일의 흡수경로

(1) 후각

들숨에 의해 향 분자가 코의 비강을 통과하여 특별한 층으로 된 후각 상피를 통과하게 된다. 향을 인식하는 1000~5000만 개의 후신경세포가 존재하는 후각 상피는 후구에서 뻗어 나온 후신경세포의 표면에 있는 후각 섬모(Odorant receptor)가 향 분자를 붙잡는다.

잡힌 향 분자들은 후각 수용체들에 의해 후각 수용 세포(Olfactory receptor cellls)로 전달되어 활성화되고 신경망을 통해 후구(Glomerules)로 보내진다. 후신경에 연결된 향 분자는 뇌의 후구에 전달되어 향의 정보를 각각의 세포들이 해석하여 뇌의 대뇌변역계를 거쳐 시상하부에 도착한다. 시상하부에 도착한 향은 시상하부를 자극하여 활동하지 않은 시스템을 움직이게 하는 역할을 한다.

(2) 피부

미세한 분자 구조로 되어 있는 에센셜 오일은 지방 물질에 쉽게 용해되므로 모공과 땀샘, 각질층을 통과하여 진피에 침투되고 진피에 침투된 에센셜 오일의 성분을 모세 혈관과 림프관을 통해 전신을 순환하게 된다. 체내에 흡수된 에센셜 오일의 성분은 소변, 땀, 폐를 통한 호흡 등의 방법으로 체내에 남아 있지 않고 체외로 배출된다. 따라서 에센셜 오일의 체내 축적에 의한 중독성에 대해 걱정할 필요는 없다.

① 에센셜 오일의 피부 침투 경로

에센셜 오일은 모낭을 통해 피부에 침투한다. 모낭은 온몸에 분포하지만 특히 이마와 두피에 집중적으로 분포되어있다. 또한 손바닥과 발바닥은 상대적으로 표피가 두꺼워 모낭이 없으므로 마사지할 때 손바닥으로 흡수되기보다 고객의 얇은 표피층으로 흡수가 더 잘된다. 에센셜 오일의 흡수가 잘되는 부위는 이마, 두피, 생식기, 겨드랑이, 점막이 있고 상대적으로 흡수가 잘 안 되는 부위는 배, 사지, 몸통, 엉덩이 등이다.

② 피부 흡수에 영향을 끼치는 요인

㉠ 피부의 보습상태 : 신체 표면에 수분이 많거나, 수분보다 친유성이 높은 피부에 에센셜 오일 흡수율이 상대적으로 증가한다.

㉡ 피부 각질층의 두께와 상태 : 피부 각질층이 두꺼우면 흡수 통로의 길이가 그만큼 길어지므로 에센셜 오일의 흡수가 지연되고 반대로 건선같은 피부 각질층이 얇으면 흡수가 매우 빨라지게 된다. 이는 표피의 구조가 변하고 혈관분포에 변화가 있기 때문이다.

㉢ 캐리어 오일의 점성도와 불포화도 : 캐리어 오일의 점성이 낮을수록, 지방산의 불포화도가 높을수록 흡수율이 높아진다.

㉣ 에센셜 오일의 흡수율을 높이기 위해 피부를 붕대, 마스크, 드레싱 등으로 덮어주면 피부 온도가 올라가고 피부의 보습도 된다.

㉤ 따뜻한 물 사용과 실내 온도를 높이면 혈액순환의 증가에 따른 에센셜 오일의 피부 흡수율이 높아지며 흡수량도 많아지게 된다.

(3) 호흡기

폐는 표면적이 넓고 깊어서 빠른 호흡을 할 때에는 혈류에 닿는 에센셜 오일의 양을 증가시킨다. 들숨에 의해 에센셜 오일 분자들은 기관을 통과한 후 기관지로 내려가 돌기와 미세 기관지 돌기를 거쳐 폐포로 도달하여 기체가 혈액 안으로 들어가게 된다. 확산에 의해 가스교환이 이루어지는 곳인 폐포의 얇은 벽은 에센셜 오일 같은 작은 분자들을 혈액까지 운반하는데 매우 효과적이다. 지방용해도가 높은 에센셜 오일과 깊은 호흡을 할수록 혈액 흐름에 대한 흡수율의 비율이 높아진다. 또한 환기가 잘되지 않는 방, 즉 이산화탄소가 많아지므로 호흡이 자극되어 호흡 수준을 강화시켜 더 많은 에센셜 오일이 폐를 통해 흡수시킬 수 있다.

3. 식물성 오일의 개론

1) 오일의 구성

오일은 대부분 지방산과 글리세롤의 트리글리세라이드 구조로 되어있다. 식물성 오일은 지질이며 1개의 지방과 1개의 산, 두 부분으로 구성된 지방산으로 이루어져 있다. 지방산은 인체와 식품에 있는 지방의 주요한 구성단위이며 시체의 중요한 에너지원이면서 세포내 기관들을 둘러싸고 있는 막의 주된 구성 성분이며 건강한 세포를 만들고 유지하는데 필요한 성분이다. 지방산 분자는 비극성으로 소수성 탄소 사슬로 구성되어 있으며 주로 탄소와 수소 원자로 이루어져 있고 끝부분이 메틸기(−CH3)로 이루어져 있으며, 분자의 다른 끝부분은 카르복실기(−COOH)라 부르는 유기산으로 되어 있다. 지방산의 이중결합 여부에 따라 불포화 지방산과 포화 지방산으로 구분되어 많이 사용되고 있다.

(1) **불포화 지방산**

탄소 사슬 내의 탄소 원자들 사이에 1개 이상의 이중결합을 형성하고 있다. 1개의 이중결합일 때 단일 불포화 지방산이라 하고, 2개 이상의 이중결합일 때 다가 불포화 지방산이라 한다.

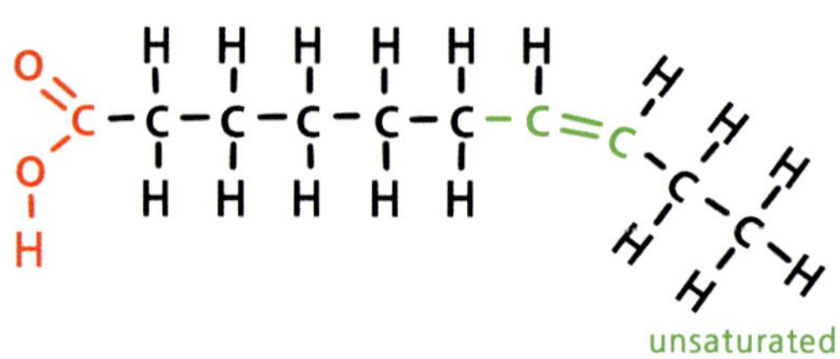

구분	내용		C : Dobule band 구성
불포화 지방산 (Unsaturated fatty acid)	단일 불포화 지방산 (Monounsaturated fatty acid)	올레산(Oleic acid)	C18 : 1
		리시놀레산 (Ricinoleic acid)	탄소수 18개. 이중결한 1개. OH 1개 C18 : 1
	다가 불포화 지방산 (Poly unsaturated fatty acid)	리놀레산(Linoleic acid)	C18 : 2
		리놀렌산(Linolenoc acid)	C18 : 3

(2) 포화 지방산

단일 결합이며 각각의 탄소 원자는 수소 원자와 결합되어 있다. 포화 지방산의 탄소 사슬이 길면 길수록 녹는점이 더 높고 단단하다. 포화 지방산은 대부분이 육류와 유제품같이 동물성 오일에서 많이 발견되며 상온에서 고체 상태이므로 쉽게 확인할 수 있다.

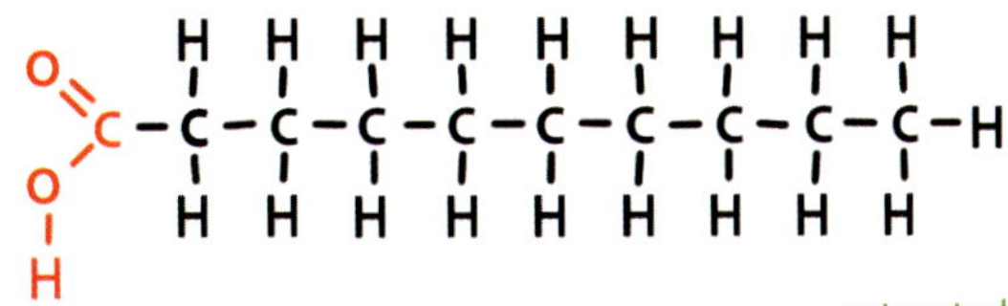

구분	내용	C : H 구성
포화 지방산 (Saturated fatty acid)	라우릭산(Lauric acid)	C12 : 0
	미리스틱산(Myristic acid)	C14 : 0
	팔미틱산(Palmitic acid)	C16 : 0
	스테아릭산(Stearic acid)	C18 : 0

2) 식물성 오일의 정의

고농축 에센셜 오일은 대부분이 자극적이고 강하기 때문에 원액 그대로 사용하기는 드물다. 보통 희석하여 사용하기 때문에 식물성 오일이나 로션, 크림, 알코올 등이 이용된다.

특히, 식물성 오일 중엔 희석된 에센셜 오일 분자를 피부 속으로 깊숙이 데리고 들어간다고 하여 캐리어 오일(Carrier oil)이라고 칭한다. 캐리어 오일은 식물의 씨나 열매 등을 용매 추출법(Solvent extraction) 또는 냉압착법(Cold press)를 이용해 얻어내며 아로마테라피에 쓰이는 가장 이상적인 캐리어 오일은 냉압착법으로 추출되어 영양소의 손실이 최소화된 정제되지 않은 오일이다. 휘발성이 없는 끈적끈적하고 독특한 향이 있는 캐리어 오일은 자체 성분만으로도 다양한 치유 효과를 나타낸다. 에센셜 오일과 달리 스킨케어를 위해 단독으로 사용할 수 있고 캐리어 오일을 다른 캐리어 오일에 희석해서 사용할 수도 있다.

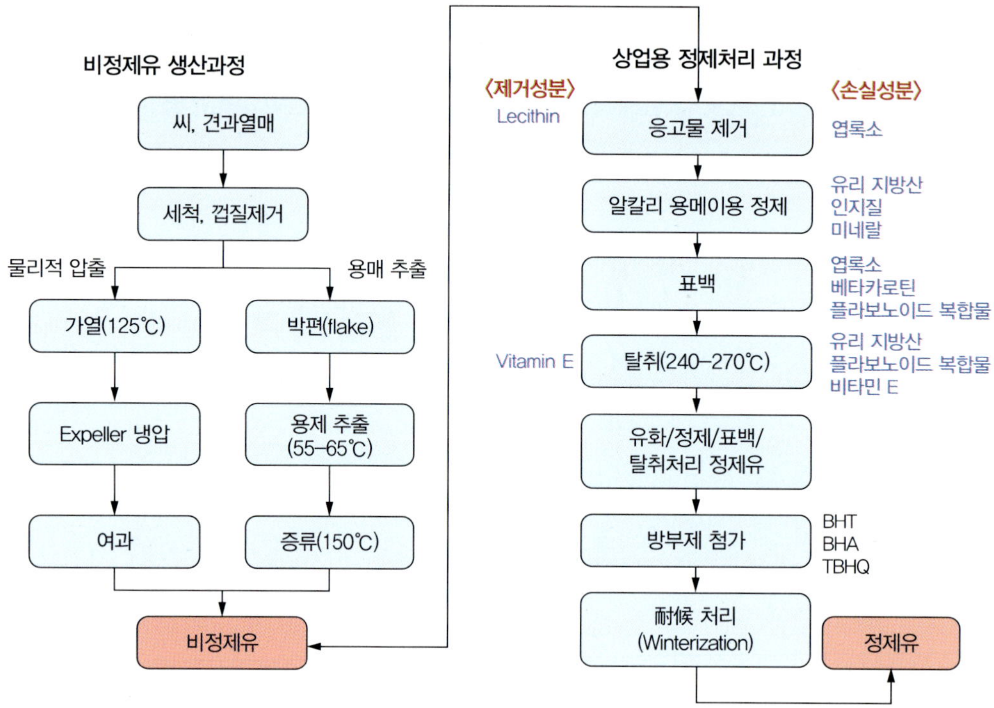
비정제유 생산과정
씨, 견과열매
세척, 껍질제거
물리적 압출
용매 추출
가열(125℃)
박편(flake)
Expeller 냉압
용제 추출 (55–65℃)
여과
증류(150℃)
비정제유
상업용 정제처리 과정
〈제거성분〉
〈손실성분〉
Lecithin
응고물 제거
엽록소
알칼리 용메이용 정제
유리 지방산
인지질
미네랄
표백
엽록소
베타카로틴
플라보노이드 복합물
Vitamin E
탈취(240–270℃)
유리 지방산
플라보노이드 복합물
비타민 E
유화/정제/표백/
탈취처리 정제유
방부제 첨가
BHT
BHA
TBHQ
耐候 처리
(Winterization)
정제유

식물유 추출법

4. 증상에 따른 아로마테라피의 활용

구분		효능	사용되는 에센셜 오일
피부	여드름	항염, 진정, 피지조절	제라늄, 라벤더,레몬, 라임, 주니퍼 베리, 티트리, 팔마로사,로즈, 샌달우드, 만다린
	피부염과 습진	항알레르기,항감염	시더우드, 캐모마일 저먼, 주니퍼 베리, 라벤더, 팔마로사, 티트리, 야로우, 버가못
	건선	항염,진정, 피지조절	캐롯씨드,에버래스팅, 주니퍼 베리, 버가못, 샌달우드, 야로우
	헤르페스	항바이러스, 면역기능 강화	니아올리, 로즈, 티트리, 제라늄, 버가못, 캐유풋
생식계	월경통	진경, 진통, 근육이완, 항경련	저먼/로만 캐모마일, 버가못, 클라리 세이지, 스윗 펜넬, 제라늄, 라벤더, 스윗 마조람, 네롤리, 로즈, 일랑일랑
	무월경	자궁강화, 순환촉진	클라리 세이지, 스윗 펜넬,제라늄, 주니퍼 베리, 스윗 마조람, 로즈, 라벤더
	폐경	항우울, 진정, 항염	일랑일랑, 자스민,로즈, 스윗 펜넬, 제라늄, 사이프러스, 버가못
	질염	항염, 살균, 항바이러스, 항박테리아	라벤더,니아올리, 제라늄, 주니퍼 베리, 로즈, 미르, 캐모마일 로만
심혈계	고혈압	혈압강하, 진정, 독소배출	캐모마일 로먼, 라벤더, 버가못,레몬, 네롤리, 일랑일랑, 스윗 마조람
	심계항진	강심, 진정, 혈액순환	라벤더, 멜리사, 네롤리, 로즈 오토, 메이창, 일랑일랑
	정맥류	혈액순환, 항경련	사이프러스, 레몬, 제라늄, 주니퍼 베리, 로즈마리, 윈점
근골격계	요통	소염, 순환, 항염, 진통, 발적	블랙 페퍼, 시나몬 버크, 케모마일 저먼, 진저, 주니퍼 베리, 로즈마리, 타임, 레몬, 스윗 마조람, 넛맥, 스파이크 라벤더
	관절염	항염, 소염, 발적, 진통	블랙 페퍼, 시나몬 바크, 캐모마일 저먼, 진저, 주니퍼 베리, 레몬, 스윗 맞람, 넛맥, 로즈마리, 타임
	섬유조직염	항염, 소염,진통, 항우울, 근육이완	시나몬 바크, 클로브 버드, 캠마일 저먼, 진저, 주니퍼 베리, 로즈마리, 타임, 버가못, 자스민, 멜리사

구분		효능	사용되는 에센셜 오일
신경계	스트레스	진정, 근육이완	바질, 저먼/로먼 캐모마일, 클라리 세이지, 프랑키센스, 로즈마리, 제라늄, 로즈우드, 샌달우드, 일랑일랑, 오렌지, 로즈, 지스민,라벤더, 마조람
	우울증	항우울, 진정, 면역력 강화	바질, 캐모마일 로먼, 클라리 세이지, 페퍼민트, 파인, 샌달우드, 로즈, 마조람, 네롤리, 라벤더, 레몬, 만다린
	불안	진정, 스트레스 완화	바지르 캐모마일 로먼, 사이프러스, 자스민, 라벤더, 라임, 마조람, 로즈, 오렌지, 레몬, 로즈우드
호흡기계	천식	진정, 거담, 항감염	유칼리투스, 레몬, 스파이크 라벤더, 에버래스티으 카모마일 로먼, 라벤더, 스윗 펜넬, 로즈마리, 페퍼민트, 프랑킨센스
	부비동염	점액용해, 울혈완화, 진통	유칼리투스, 라벤다,케저풀, 라벤더, 레몬, 페퍼민트, 파인, 타임,티트리
	편도선염	항감염,면역증강, 진통	타임, 레몬, 티트리, 유칼립투스, 라벤더
림프/순환계	부종	이뇨, 독소배출, 체액순환	사이프러스, 스윗 펜넬, 그레이프 프룻, 주니퍼 베리, 제라늄, 만다린, 로즈마리, 세이지
	셀룰라이트	순환, 독소배출,이뇨	사이프러스, 스윗 펜넬, 진저, 주니퍼 베리, 그레이프 프룻, 제라늄, 레몬, 만다린, 오렌지, 로즈마리
소화계	소화불량	장내가스 제거, 감위, 강장, 진경, 담즙촉진	블랙 페퍼, 스윗펜넬, 저먼/로먼 캐모마일, 페퍼민트, 바질, 로즈미리, 넛맥, 스윗 오렌지, 스윗 마조람, 사이프러스, 시나먼 바크
	변비	강장, 순환	블랙 페퍼, 시나몬 바크, 스윗 펜넬, 마조람, 라벤더, 페퍼민트, 파인, 로즈마리
	과민성 대장 증후군	진경, 강장, 진통, 스트레스	버가못, 페퍼민트, 클라리 세이지, 네롤리, 라벤더, 저먼/로먼 캐모마일, 라벤더, 제라늄

BEAUTY
MASSAGE
THERAPY

CHAPTER 4

하이드로테라피

1. 하이드로테라피의 정의, 역사 및 효과
2. 스파SPA에서의 하이드로테라피
3. 하이드로테라피를 이용한 목욕요법

CHAPTER

4

하이드로테라피

1. 하이드로테라피의 정의, 역사 및 효과

1) 하이드로테라피의 정의

하이드로테라피는 수요법이라고도 불리며 물의 고체(얼음), 액체(물), 기체(증기) 상태에서 인체에 적용시켜 건강을 유지 및 회복시켜 주는 것을 의미한다. 수천 년 전부터 신체 건강과 미용에 사용되어 왔으며 가장 안전하고 효과적인 천연 미용 성분으로서 사용되고 있다. 고대 이집트, 페르시아, 그리스, 힌두, 중국 및 아프리카 원주민 등 다양한 문화 속에서 질병이나 부상 치료에 사용된 물은 질병을 치료하고 동시에 정신적인 병까지 다스린다.

우리나라는 10여 년부터 하이드로테라피가 인기를 끌기 시작하며 많은 여성들이 피부미용과 건강을 위해 즐겨 찾고 있다.

2) 하이드로테라피의 역사

하이드로테라피는 기원전 무렵부터 세계 각지에서 행해지고 있었으며 기원전 500년경의 로마에서 병의 치료를 위해 물을 사용한 것이 전환기라고 할 수 있다. 로마에서는 나양한 바스(Bath)를 발전시켜 나갔으나 로마 제국이 쇠퇴하면서 바스의 이용도 줄고 하이드로테라피의 발전도 함께 쇠퇴하였다.

15~17세기 즉, 중세 사회기에는 물의 치료 효과를 입증한 소수의 유럽의 내과 의사들이 존재하였고, 1829~1842년에 오스트리아-헝가리 제국에서 빈센트 프리스니츠가 찬물 치료법을 개발하면서 스파는 본격적으로 발전하기 시작했다. 20세기 초반 이후 스파는 현대의학에 의한 관심 때문에 다소 쇠퇴하였으나 최근에 스파에 대한 많은 데이터에 의해 병을 예방하는데 효과가 뛰어남이 증명되어지고 있다. 또한 유럽에서 다시 관심을 받기 시작한 스파는 의료적 상황의 다양성을 위해 사용되고 있다.

프랑스는 바닷물을 사용하는 탈라소테라피 센터와 몸의 독소를 제거하고 미네랄을 풍부하게 하는 해초 제품으로 유명하다.

3) 하이드로테라피의 효능

근육이완, 스트레스 완화 및 피부상태 개선 근육통 경감을 위해 하이드로테라피를 사용하게 된다.

태아 때부터 물과 친한 인체는 피곤하고 스트레스 받을 때 욕조에 몸을 담그고 있으면 전신의 뭉치 근육이 이완되고 피로가 풀리는 것을 경험하게 된다. 물을 목까지 담그고 있을 때 몸 표면이 받는 압력은 1125~1300kg이 되어 피부 표면의 혈관이 일시적으로 압박되어 림프액이나 정맥혈은 일제히 심장으로 돌아간다. 이 때 수압에 의해 배 둘레는 2.5~6.5cm 일시적으로 축소되며 물의 수압에 의해 혈관이나 운동 신경, 자율신경 기능이 스스로 작용하게 되어 혈액순환을 촉진시키고 다리의 피로를 풀어줄 수 있다.

고대에는 하이드로테라피는 관절염, 피부질환, 비만 등을 치료하는 수중운동, 해수욕, 반신욕, 사우나 형태로 의료적인 목적으로 사용되었으나 점차 건강과 피부미용을 위해 점점 다양한 방법들이 응용되어지고 있으며 그 대표적인 것이 스파 또는 온천욕으로 고대 하이드로테라피의 발전된 형태라고 볼 수 있다.

4) 하이드로테라피의 종류

(1) 딸라소테라피

① 딸라소테라피의 정의

딸라소테라피는 해양요법을 일컬으며 크게 해양요법과 해니요법, 해조요법, 보조요법으로 나눌 수 있다. 고대부터 사용되어진 딸라소테라피는 최근 들어 하이드로테라피 인물의 인체 작용으로 질병치유와 휴식, 건강증진 및 정신 심리적 안정, 인체의 생리적 활력증진, 피부미용 효과 등에 널리 이용되고 있다. 딸라소테라피(해수요법, 해양요법)은 물의 조성을 따른 개념을 가진 테라피들 중 오랜 유럽의 온천문화와 함께 바닷가 주변을 중심으로 발달 되어왔다.

미용과 질병 치유의 목적으로 36.5℃로 덥혀진 해수와 해초, 해니를 사용하는 테라피 형태이다. 항생제나 약물에 의존하지 않고 류머티즘이나 부종 등에 탁월한 임상들과 그 외에 수많은 연구 자료들을 확보하고 있다. 의료진의 의학적 관리하에 시행되는 딸라소테라피는 해양성 기후, 환경, 해수, 바다 진흙, 해초, 모레 그리고 바다에서 추출된 다른 여러 성분 등이 복합적으로 사용된다.

② 딸라소테라피의 기후

그리스어로 Thalassa(바다), therapie(치료)를 지칭하는 해수요법의 어원이 말해주고 있듯 해수요법은 바닷가에서만 진행할 수 있는 것이다.

해안 지방의 기후, 공기, 물, 모레 등이 가지고 있는 장점과 바람, 기온, 습도 등의 모든 요소들이 해수요법의 효능에 관련된다.

㉠ 영불해협 (생기 제공)

요오드를 많이 함유한 바다 기후이며, 공기 역시 올리고당을 많이 함유하고 있다.

㉡ 대서양 (강장 효과)

프랑스 해안의 많은 부분을 차지하고 있는 대서양은 공기의 순도를 유지하는데 탁월하여 활기를 일으키는 기후적 특징이 있다.

㉢ 지중해 (진정 효과)

연중 내내 일조량이 많은 것으로 유명한 지중해는 피로한 육체에 매우 적합하다. 진정효과가 있는 기후는 휴식과 스트레스를 해소하기 위한 치료에 매우 적당하다.

③ 딸라소테라피의 특수치료 프로그램

㉠ 안티 스트레스
㉡ 앤티타바(담배)
㉢ 식이요법과 슬리밍
㉣ 피부미용과 미적관리
㉤ 등(척추)
㉥ 탄력 있는 다리

(2) 터말리즘

① 터말리즘의 정의

터말리즘은 유럽의 전통적인 온천요법을 의미한다. 동양의 온천문화는 단순한 치료적 온천을 이용하여 입욕과 휴양의 개념을 가진다.

㉠ 발레오테라피(Balneo therapy)라고도 불리워진다.
㉡ 고대로부터 내려오던 전통적인 터말리즘(thermalism)은 온천수인 테르말스프링 워터(Thermal springs water)를 이용한 건강과 치유 프로그램으로 대표하는 용어이다.
㉢ 온천요법은 온천의 물을 사용하여 인체의 컨디션을 조절하고 원기를 회복시킨다.
㉣ 고대로부터 혈액순환을 증진하고 면역 체계를 강화하며 통증과 스트레스를 완화하기 위해 이 요법이 사용되어 왔다.

② 터말리즘의 이해

㉠ Thermal springs water(온천수)에 함유된 요소들, 즉 물의 온도, 부력, 압력 효과를 이용하여 신체의 원활한 혈액 순환과 스트레스 해소, 질병 예방과 치료를 위한 의료진, 그에 따른 건강증진을 위한 보조 장비와 더불어 목욕, 미용 시설 및 심신 안정을 위한 다양한 시설과 세션을 포함하는 프로그램 등을 총칭하는 의미로 불리고 있다.

㉡ 프랑스의 보건부에서 인정하고 있는 온천샘은 1200곳에 이르고 있으며, 104개의 지점에서 개발되었다. 지하 온천수는 미네랄, 염분, 가스와 진흙을 함유하고 있다. 온천수는 뜨거운 미네랄워터의 의미이다. 온천수는 지하 깊은 곳, 각 지점마다 상이한 지질층을 통과하면서 치료적 특성을 가지게 된다.

③ 터말리즘의 효능

㉠ 온천수는 효능을 줄여주고 피부의 세정을 도와주며 소화기나 호흡기의 장애를 덜어주는 효과가 있다.

㉡ 온천욕은 약물의 사용과 고통을 줄일 수 있게 해주며 피로나 통증의 감소를 덜어 준다.

㉢ 관절염, 호흡기질환, 소화기 질환, 피부질환 등 12개 정도의 만성적인 질환에 효과가 있다.

④ 터말센터의 특수성

탁월한 의학적 경험이 풍부한 온천들은 최상의 건강 상태를 원하는 사람들이나 심한 병에 걸리기 전에 자신들의 소소한 문제점들을 개선하기를 원하는 사람들에게 최상의 환경을 제공한다.

㉠ 유능한 의료인

㉡ 기후적 장점

㉢ 다양한 레크리에이션

⑤ 터말센터의 프로그램

온천의 치료 효과, 치료 프로그램, 물의 성분, 지리적 기후, 치료의 영향, 치료 테크닉 건강과 기력회복을 위한 지역 여행 이외에 단기간의 온천지역 여행이 급증하고 있다. 온천에서의 터말리즘 예방 프로그램은 두 가지 단기 코스로 나뉜다.

㉠ 건강을 위한 체류

㉡ 회복 프로그램 : 살 빼기, 묵직한 다리, 관절통 등

ⓒ 체류 프로그램 : 15개 정도의 주제 (목적)을 가지고 있으며 영양사에 의해 요리강습과 개개인의 건강을 고려한 식생활 조언 등의 혜택을 누릴 수 있다.

ⓔ 특수 세션들 : 대부분의 요법은 딸라소테라피의 프로그램과 유사하며 해수를 사용한는 대신 온천수를 사용하는 것이 차이를 보인다. 특히 미네랄 온천수를 증기의 형태로 들이마시는 요법으로 천식, 비염, 알레르기 등 호흡기 질환의 치료에 효과가 널리 알려져 있다.

(3) 스파

① 스파의 정의

고전적인 스파는 온천수를 사용하는 온천지역에서의 신체를 치유하는 개념에서 시작한다.

스파(Spa)란 하이드로테라피의 요소들 즉, 물의 온도, 부력, 압력 효과를 이용해서 신체의 원활한 혈액순환과 스트레스 해소, 질병예방과 치료를 의한 의료진, 미용시설 및 심신 안정을 위한 다양한 시설과 세션을 포함한다. 최근 개념의 스파(Spa)란 일반적인 물을 이용한 다양한 시설 외에 그 안에서 행해지는 서비스와 모든 프로그램과 테라피를 포함한다.

② 스파의 역사

ⓐ BC 500 그리스 시대에 뜨거운 물에 입욕하는 것으로 히포크라테스가 최초로 치료에 활용하여 로마 시대 대규모 목욕탕이 유럽 전역으로 퍼져 나간다.

ⓑ 유럽 전역의 전염병으로 공중 목욕탕이 폐쇄되고 이후 목욕을 하면 처벌, 물에 의해 감염된다고 인식하였다.

ⓒ 1850년 전후 유럽 특히 벨기에, 독일 바덴바덴 등을 중심으로 온천이 부활하였고 특히, 벨기에의 '스파우(Spau)' 지역의 온천의 효능이 유럽의 왕족과 귀족들이 자주 찾으며 마을 이름이 일반 명사화. 독일 Kneipp신부가 폐렴에 걸리면서 물에 냉수욕, 부분욕, 바디 청결로 스스로 치유하며 하이드로테라피의 선구자가 되었다.

ⓔ 1960년대 미국에 도입되면서 단순한 질병 치료를 넘어서 미용과 정신적 육체적 건강증진 및 체중 관리에까지 적용하였다.

ⓜ 1970년대 부터 상류층을 중심으로 Luxury Spa, Vacation Spa, Diet Center 등의 형태로 활성화 정신과 몸을 동시에 쉴 수 있도록 해주고 최근에는 건강과 관련이 있다.

ⓑ 미국을 중심으로 전문직 및 중산층 이상의 계층을 대상으로 하는 고부가가치 산업으로서 불황기에도 높은 수익을 창출하는 산업으로 요즘은 세계적으로 '스파 전성시대' 라 할 수 있다.

③ 현대적인 의미의 스파

㉠ 스파를 테마로 한 새로운 라이프 스타일을 창조해 내었다.
㉡ 로마시대로부터 이러한 온천수에서의 휴양 및 질병 치료 등의 특수 목적의 온천여행은 수세기 동안 지속적으로 이용되어져 왔다.
㉢ 미네랄 온천과 해수 스파를 이용한 건강관리가 활발하여 오늘날 유럽에서는 스파 치료를 위한 온천의 의미를 내포하고 있다.
㉣ 광천수를 이용한 오늘날 터말센터와 터말리즘이라는 치유와 회복 개념의 의학적인 개념으로 발전하였다.
㉤ 스파는 질병 치료가 아닌 운동과 피트니스 프로그램, 체형관리, 미용 등에 기반을 둔다.

④ 스파의 구분과 분류

㉠ 스파의 구분 및 형태적 분류
제공되는 서비스의 유형에 따라 스파의 형태를 나눈다.

ⓐ 리조트 스파
도심을 떠나 휴향과 스파테라피를 함께 받을 수 있는 스파의 형태이다. 기간에 따라 3일에서 전통적인 6일로 계획된 프로그램을 다양한 스포츠와 함께 경험할 수 있다. 목적형 데스티네이션이포함될 수 있다. 주로 빌트인 된 호텔을 갖춘 리조트 스파에서 골프, 승마, 스키와 함께 각종 이벤트, 산악걷기, 에어로빅, 스파 디너와 스파 레이크레이션, 가족 오락 프로그램 등 다양한 프로그램으로 운영하는 웰니스를 포함한다.

ⓑ 데이 스파
도심에서 이루어지는 하루 일상의 완벽한 릴렉스를 즐길 수 있도록 전문적인 스파 서비스를 고객에게 제공하는 스파 형태이다. 스파와 함께 다양한 프로그램의 테라피를 시행하는 스킨 앤 뷰티 개념을 포괄한다.
즉, 전문적인 피부미용과 바디 트리트먼트의 다양한 프로그램을 시행하고 있는 뷰티살롱도 데이스파로 분류될 수 있다.

ⓒ 메디컬 스파
국제 스파협회의 메디컬 스파의 정의는 다음과 같다.
"기본 목적이 스파 서비스는 물론 전통적이고 보완적인 요법과 치료를 통합하는 환경에서 전박적인의료적 건강 서비스를 제공하는 스파이다" 라고 밝히고 있다.

메디컬의 장점과 웰니스 케어의 장점을 이용하여 즉각적 효과와 빠른 회복을 목적으로 의료진에 의해 처방과 프로그램을 시행한다. 최신의 하이드로테라피의 장비의 서비스와 치료 목적의 트리트먼트형태를 갖춘 스파이다.

구분	Day Spa	Hotel Spa	Club Sps	Medical Spa	Destination Spa
목적	주기적인 미용 피로회복 스파 파티 회식, 법인접대	비즈니스맨들의 휴식 휴가를 즐길 수 있는 재미와 휴식 목적	주 목적이 운동 다양한 스파시설이용 운동 전 후 관리 목적 바디 쉐이빙 관리 위주	환자 증상에 맞춘 전문프로그램, 메디컬 효과를 상승시킬 수 있는 테라피 케어 주로 노화 방지	목적형 스파 체휴하면서 건광관리, 재충전 위한 스파서비스, 운동, 명상, 교육으로 생활방식 교정
적용	에스테틱숍, 럭셔리 스파	호텔, 리조트, 콘도	테마파크 피트니스 내 스파 사우나시설 위주	병원 내 스파 의료 시설 및 의료 장비 사용	
위치	도심 내외	도심, 휴양지	도심 근처	도심 근처	휴양지
국내대표예시	힐링스톤 스파 휴스파	하얏트, 힐튼호텔, 반얀트리	덕산스파캐슬 안면도스파캐슬	차움, 프라자호텔 스타	곤지암리조트

ⓛ 스파의 프로그램

리조트 스파 또는 데스테네이션 스파 센터의 전통 6일의 프로그램 진행 시 요가, 명상, 기공, 사운드테라피, 스파퀴진 등의 프로그램을 체험할 수 있게 한다.

ⓐ 요가 - 아유르베다, 탄트라 요가 등

ⓑ 명상 - 정신과 육체를 하나로 연결하여 몸의 독소를 정화

ⓒ 기공 - 우주와 인체의 에너지 흐름을 하나로 하는 신체 훈련방법

ⓓ 사운드테라피 -소리를 치료 차원에서 사용하여 진동을 통하여 인체의 긍정적 생리적 변화를 유도하는 요법

ⓔ 스파퀴진 - 다양한 스파테라피를 즐긴 후 맛보게 되는 중요한 프로그램으로 식단을 우선적으로 고려하여 조리

2. 스파SPA에서의 하이드로테라피

1) 스파 풀

기포 목욕 풀 내지 월풀이라고 알려져 있으며 물이 순화되는 바닥과 측면에 고압력 위트젯을 가진 욕조 안에서 눕거나 앉아 관리를 받는 방법이다. 따뜻한 공기는 추진기에 의해 물속으로 주입되어 거품을 생성하면서 작은 노즐을 통과한다. 이때 사용되는 제품들은 미네랄 소금, 에센셜 오일, 목욕 크림이며 이는 혈액순환 향상, 관절 장애, 긴장 이완 및 스트레스 감소와 근육통, 피로 완화를 등의 효과가 있다.

스파 풀

㉠ 사용제한

ⓐ 음주, 과식 후

ⓑ 최근에 상처가 생긴 경우

ⓒ 편두통 및 심한 피로를 느낄 때

ⓓ 생리 중일 때

ⓔ 심혈질환이 있을 경우

ⓕ 피부질환이 있을 때

2) 플로테이션 배스 Flotation bath

어둡고 조용한 환경에서 밀폐된 탱크나 욕조에 소금과 미네랄이 풍부한 물에서 플로팅 하는 방법이다. 플로테이션 탱크 안쪽에는 플라스틱 합성수지로 만든 유리섬유로 되어있으며 건조 플로테이션은 스파에 있어서 흔하게 사용되고 있다. 트리트먼트 시간은 30~50분이며 완전한 플로테이션 효과를 보기 위해서는 60분 이상의 트리트먼트를 추천하기도 하지만 밀실 공포증이나 공포 공격을 겪는 고객에 대한 사전 정보를 잘 파악 해야 한다. 플로테이션 배스의 효과는 습진, 건성 피부 및 건선을 완화, 스트레스, 불안감 해소, 관절염, 류머티즘 증세 완화, 불면증 해소(4시간 수면 정도), 근육긴장 완화, 운동부상 회복시켜주는 효과가 있다.

플로테이션 배스

㉠ 사용제한

ⓐ 상처나 찰과상

ⓑ 왁싱, 제모 후, 피부 박피 직후

ⓒ 귀 고막 파열 시

ⓓ 썬번 피부

ⓔ 과식 및 식사 직후

㉡ 주의사항

ⓐ 탈수와 풀의 흐름에 의해 멀미를 느낄 수 있으므로 사전 공지한다.

ⓑ 온도와 혈액순환이 빨라지면서 어지러움 느낄 수 있다.

ⓒ 탈수와 탈진으로 두통 동반할 수 있다.

ⓓ 스파 풀이나 제품으로 인한 피부 염증 생기지 않도록 주의한다.

3) 하이드로테라피 배스 Hydrotherapy bath

고압력의 워터젯을 신체에 직접 분사되게 할 수 있고 욕조 속에 부착된 튜브로 원하는 신체 부위에 자극을 주며 마사지 및 림프 배출을 할 수 있다. 욕조가 바디 모양에 꼭 맞을 때, 바디의 특별한 부분은 이러한 고압력 워터젯으로 마사지 될 수 있고 림프 배출은 테라피스트가 고객의 목적하는 부위를 호스를 사용하여 관리할 수 있다. 욕조가 컴퓨터로 조절됨에 따라 미리 설정한 마사지 프로그램을 수행하고 일정한 온도(38~39℃)를 유지하며 워터젯은 전통적인 마사지의 장점을 살릴 수 있도록 자동으로 방향이 조절될 수 있다. 테라피의 효과를 증대시키기 위하여 다른 트리트먼트와 함께 병행하여 사용할 수 있다. 트리트먼트는 20분 정도 하며 일주일에 2~3회 시행하면 좋다. 하이드로테라피 배스 사용 시 근육통과 피로, 긴장 완화, 혈액순환 향상, 피부 청결, 척주의 운동성 향상, 근육 유연성 증가 등의 효과가 있다.

하이드로테라피 배스

㉠ 사용제한

ⓐ 상처나 찰과상

ⓑ 왁싱, 제모 후, 피부 박피 직후

ⓒ 귀 고막 파열 시

ⓓ 썬번 피부

ⓔ 과식 및 식사 직후

ⓛ 주의사항

ⓐ 탈수와 풀의 흐름에 의해 멀미를 느낄 수 있으므로 사전 공지한다.

ⓑ 온도와 혈액순환이 빨라지면서 어지러움 느낄 수 있다.

ⓒ 탈수와 탈진으로 두통 동반할 수 있다.

ⓓ 스파 풀이나 제품으로 인한 피부 염증 생기지 않도록 주의한다.

4) 블리츠/스카치 샤워

블리츠/스카치 샤워는 테라피스트가 고객으로부터 3m 정도 떨어져 서서 하는 샤워에서 이용 가능한 것으로 집에서도 설치하여 이용 가능하다. 워트젯은 근육 긴장을 이완하거나 혈액순환을 촉진하는데 있어 고객의 신체에 직접적으로 사용 가능하며 림프액 배출을 위해 시행할 수도 있다. 다양한 트리트먼트를 활성화하기 위해 뜨거운 물에서 차가운 물의 온도로 변화시킬 수 있다. 또한 스카치 샤워는 마사지, 박피, 스팀, 딸라소테라피와 같은 다른 스파나 하이드로테라피와 함께 병행해서 이용되며 뜨거운 물과 찬물 대신에 해수는 스파에 의존하면서 워트젯으로 쓰인다. 관리는 20분 정도이며 상황에 따라 4~5일 동안 매일 시행할 수도 있다. 다양한 높이에서 직접적으로 고압력의 샤워 제트가 분사되어 혈액순환을 촉진하거나 근육긴장 이완, 관절염, 스트레스, 과체중 고객의 셀룰라이트, 해독, 경미한 혈액순환 문제 해결을 해주는 효과가 있다.

스카치배스

㉠ 사용제한

ⓐ 심장이상이나 심한 정맥 확장 환자
ⓑ 뼈 골절 환자
ⓒ 상처나 찰과상
ⓓ 왁싱, 제모 후, 피부 박피 직후
ⓔ 귀 고막 파열시
ⓕ 썬번 피부
ⓖ 과식 및 식사 직후

㉡ 주의사항

ⓐ 고객이 놀라지 않도록 물의 온도나 샤워 적용에 주의한다.
ⓑ 미끄러지지 않도록 주의한다.

5) 스위스/비쉬 샤워 Vichy shower

수평의 샤워 막대기에 고정된 5개 이상의 샤워제트 분사기에서 작은 폭포 같은 물줄기가 나오고 고객은 베스테이블에 누워서 부드러운 샤워를 받는다. 일반적으로 물의 온도는 39℃이지만 물의 압력과 온도는 고객에 따라 적당히 조절하며 몸의 전후는 하이드로마사지처럼 진행한다. 이때 스크럽과 마사지 등을 병행할 수 있으며 20분 동안 지속하고 주 2~3회 실시 가능하다. 비쉬 샤워는 과체중 고객에게 가장 효과적이며 혈액순환, 림프순환을 촉진, 불면증 완화, 긴장 완화, 스트레스 경감 등의 효과를 기대할 수 있다.

비쉬 샤워

㉠ 사용제한

ⓐ 스파관리 표준에 준한다.

㉡ 주의사항

ⓐ 트리트먼트를 시작하기 전에 고객의 얼굴이 아래로 향하게 한다.

ⓑ 트리트먼트가 마사지와 병행되는 것이면 마사지를 시작하기 전에 이완되도록 5분 정도 샤워 아래 고객이 있게 하고 고객을 샤워 아래 5분 더 있게 한 후, 트리트먼트로 마사지를 마무리 한다.

ⓒ 일반적인 스파 관리 표준에 준한다.

ⓓ 물의 온도나 샤워 적용에 대해 미리 공지하여 준다.

6) 크나이프 요법

크나이프 요법은 1800년대 중반 독일의 크나이프 신부에 의해 개발된 수 치료법으로서 허브, 자연, 식이, 온수 요법 등의 자연요법과 함께 적용하고 있다. 유럽 스파, 특히 독일에서 인기있는 크나이프 요법은 혈액 순환을 돕는 허브와 미네랄이 풍부한 물을 뜨겁고 차게 교차하는 하이드로테라피 트리트먼트를 이용한다. 이때 사용되는 허브는 캐모마일, 파인니들, 로즈마리, 라벤더, 발삼민트와 같은 전통적이 허브를 사용한다. 크나이프 요법은 근육긴장, 림프부종을 감소시키며 고혈압, 두통, 관절염, 셀룰라이트 감소 등의 효과를 기대할 수 있다.

크나이프 요법

㉠ 사용제한

ⓐ 임산부는 시행하면 안 된다.

ⓑ 스파 관리 표준에 준한다.

㉡ 주의사항

ⓐ 쿨(Cool) 크나이프 요법을 할 경우는 미리 찬물을 고객의 이마에 뿌리고 몸이 먼저 온도에 적응하도록 확인한다.

ⓑ 핫(Hot) 크나이프 요법을 할 경우는 온도를 점진적으로 올려야 하고 온도가 너무 뜨거우면 트리트먼트하는 내내 지켜보아야 한다.

ⓒ 심장 질환이나 혈관계 이상이 있다면 특별한 주의가 요구된다.

7) 와추 Watsu

수중에서 몸을 이완하는 시아추와 물의 합성에서 유래된 와추는 특히 워터 시아추(water shiatsu)에서 따뜻한 물에 신체를 스트레칭하고 관절과 근육을 자유롭게 움직이도록 깊은 긴장 이완을 하도록 한다. 고객이 따뜻한 물속에 있을 때, 부드러운 스트레칭으로 움직일 때, 고객의 호흡과 함께 느린 율동적 운동에 의해서 시행된다. 이때 고객의 신체는 스트레스와 긴장을 이완하고 과거에 움직임이 제한 되었던 자세를 풀면서 따뜻한 물에 떠 있게 한다. 심리학적으로 고객이 물속에서 부드럽게 흔들리거나 조용히 잠겨있을 때 고객은 테라피스트에 대한 믿음이 생기며 안정감을 느끼게 된다. 와추는 에너지 수준을 증가시키며 스트레스와 걱정 완화, 통증피로 및 근육 긴장감 감소, 호흡 형태의 향상, 불면증 향상, 보디 자각 향상과 감정적 스트레스 해소시켜주는 역할을 한다.

와추

8) 보디 글로 Body glow

일명 보디 스크럽이라 불리며 약초, 소금 등의 재료들을 이용하여 묵은 각질 제거하여 혈액순환 촉진 및 피부를 부드럽게 하고 윤기를 더해주며 주로 마사지나 마스크 전에 시행하는 요법이다.

보디 글로

3. 하이드로테라피를 이용한 목욕요법

1) 목욕요법의 정의 및 원리

목욕은 신체에 묻은 진흙, 물, 햇빛 등으로부터 몸을 씻는 행위를 뜻하며 청결이나 치료를 위해 하는 것이 일반적이며 종교적, 신비주의적인 의미와 그 밖에 여러 의미를 지니기도 한다. 목욕요법은 물속에 들어 있는 산소와 각종 미네랄을 피부를 통해 흡수하면 혈액순환 및 신체 내 노폐물을 제거하고 체액을 정상화시키는 원리를 가지고 있다.

2) 목욕요법의 적응

(1) 전신욕

몸 전체를 물에 담금으로써 혈액 순환을 원활히 하며, 신체의 노폐물을 제거하고 수압을 이용하여 전신 근육의 이완 효과를 높이며 피부에 수분과 영양을 공급한다.

전신욕

① 온욕

과잉된 지방 및 당분, 알코올 등을 연소시켜주며 20분 이상 온욕을 하면 맥박이 증가하거나 호흡곤란 등이 일어날 수 있으므로 몸의 상태를 잘 알고 실시해야 한다.

② 냉욕

과잉된 당분, 노폐물 제거에 적합한 방법으로 몸을 담그는 동안 몸이 심하게 떨리는데 이는 당분이나 알코올이 연소되는 과정이다. 25분 이상의 냉욕은 산이 과잉되므로 피해야 한다.

③ 냉온욕

찬물과 더운물에 번갈아 들어가는 목욕요법으로 온탕의 온도는 41~43℃, 냉탕의 온도는 14~18℃ 사이가 적당하다. 냉탕에서 8회, 온탕에서 7회를 각각 1분씩 번갈아가며 들어간다. 이때 반드시 시작과 마무리는 냉탕에서 시작하여 냉탕에서 끝내야 한다. 냉온욕은 림프액의 순환을 촉진시켜 몸의 저항력을 높임으로써 피부 회복을 촉진시켜 주고, 피부의 노화를 방지하며 피부의 호흡작용 기능을 강화시켜준다. 특히 스트레스 해소에 아주 탁월하며 숙취 해소에도 냉온욕이 효과적이다.

(2) 반신욕

반신욕은 37~38℃의 물에서 양팔을 탕 밖으로 꺼내놓고 명치 아랫부분만 20분 정도 담그는 방법이다. 반신욕 후 두꺼운 양말을 신고 하반신은 많이 껴입고 상반신은 얇은 옷을 걸친다. 발목 부근이 저온이고 거기에 비해 상반신이 따뜻한 상태를 냉기라고 하는데 이는 모든 병의 본질적인 원인이 된다. 심장에 부담이 있는 사람, 고혈압, 저혈압, 감기 예방 및 치료, 생리불순 예방의 효과가 있다.

반신욕

(3) 좌욕

상체와 다리를 내놓은 채 배꼽 아래쪽만 담그는 방법으로 물의 온도는 체온보다 낮은 25℃ 정도가 적당하며 방광염, 생리통, 치질 등에 효과가 있다.

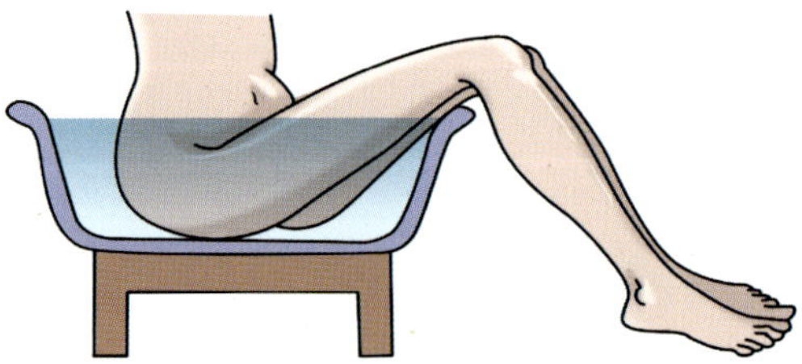

좌욕

(4) 족탕법

43℃ 정도의 뜨거운 물에 발목까지 담그는 족욕은 시간이 없을 때 할 수 있는 간단한 목욕법으로 상반신은 가급적 얇은 옷을 걸치는 것이 좋다. 적응증으로는 방광염, 자궁 내막염, 장염, 복막염, 요독증, 무좀, 동상의 치료 및 예방이 있다.

족욕

(5) 물맞이욕

바깥 기온이 22~25℃일 때 시행하는 것이 좋고, 물의 온도는 20~25℃가 적당하며, 물이 떨어지는 높이는 신장의 2배 정도가 좋다. 물맞이욕은 근육과 관절 부위의 영양 과정, 피부와 피하조직, 몸의 대사 과정을 높여 위와 장의 기능을 강화시켜 소화와 흡수를 돕는다.

물맞이욕

(6) 풍욕

프랑스의 의학자 로브리 박사가 창안한 것으로 로브리(Laubry)요법 또는 대기요법이라고 불리고 있다. 피부에 신선한 바람 즉, 신선한 공기를 충분히 들이마시도록 옷을 벗었다 입었다 하는 동작을 반복하는 것으로 풍욕 시에는 되도록 완전히 나체가 되어 온몸을 신선한 공기에 노출하도록 하고 숲속에서 하는 풍욕은 그 효과가 매우 좋다. 풍욕은 아침에 하는 것이 좋으며 20초 동안 나체로 있다가 담요로 몸을 덮어 1분 동안 체온을 높여준 후 다시 30초 동안 나체로 있다가 1분 동안 몸을 덮어주는 것을 반복하는 방법으로 한다. 건강을 위해서라면 하루 1회가 충분하고 난치병 환자일 경우 하루 6회 이상 꾸준히 행하는 것이 좋다. 풍욕의 효과로는 원활한 혈액순환, 간장병, 암, 위궤양의 치료 및 감기 예방에 도움이 된다. 특히 불면증이나 신경쇠약이 있는 사람은 취침 전에 좌욕을 한 후에 풍욕을 하면 매우 큰 효과를 기대할 수 있다.

풍욕

3) 목욕요법의 종류

(1) 해수 목욕

해수의 미네랄은 인체의 혈액과 성분이 비슷해 신진대사에 탁월한 효능을 보인다. 또한 염화나트륨, 마그네슘, 브롬, 요오드 등이 녹아 있어 몸에 흡수되면 노폐물을 체외로 밀어내 혈액 순환을 도와준다. 적응증으로는 신경통, 관절염, 당뇨병, 골 관절 계통, 심장 혈관 계통 등 질병에 효과가 있으며 특히 부인병에 탁월한 효과가 있다.

(2) 약쑥 목욕

약쑥을 우려낸 물로 목욕을 하면 보온효과가 뛰어나 생리통이나 자궁출혈, 난소염, 자궁내막염 등 냉증으로 생기기 쉬운 부인병 치료에 좋으며 여드름, 습진, 알레르기 등의 피부에 작용하여 모공을 확장하고 혈류의 흐름을 촉진시켜준다.

(3) 솔잎 목욕

솔잎 목욕은 고혈압이나 심장병 환자들이 이용하면 몸의 순환 활동을 원활하게 도와 뇌졸중을 예방하는 데 도움이 된다. 적응증으로는 류마티스 관절염, 견비통, 오십견, 신경통, 요통, 어혈, 월경통, 타박상, 무좀, 습진, 알레르기 및 피부 미백효과가 있다.

(4) 겨잣가루 목욕

겨잣가루를 뜨거운 물에 풀어 부드럽게 전신 마사지를 하면 중풍, 사지마비, 반신불수에 효과가 있다.

(5) 소금 목욕

소금 목욕은 천일염으로 구워 독소를 없앤 생금 및 죽염을 사용하며 소금의 삼투압 효과로 피부 노폐물을 제거하고 미네랄 성분이 피부를 부드럽게 해준다. 살균 효과가 있어 알레르기성 피부염에 좋고 팔꿈치, 당뇨, 관절염, 허리 등의 신경통 및 스트레스 해소와 비만 해소 등에 효과가 있는 것으로 알려져 있다.

(6) 식초 목욕

식초 목욕은 혈액 순환을 원활하게 하여 냉증이나 저혈압에 좋다. 신체를 이완시켜 피로회복에 좋고 건조한 피부를 부드럽게 해주고 비듬 방지에도 좋다.

(7) 청주 목욕

청주 목욕은 피부에서 알코올을 흡수하여 보온, 감기 예방에도 좋고 어깨결림, 요통, 탄력 없는 피부에 좋다고 알려져 있다. 알코올은 체내의 노폐물을 제거하고 혈액순환을 촉진시켜 피로회복에 도움이 된다.

(8) 녹차 목욕

녹차 목욕은 다이어트 및 피부미용에 좋으며 미네랄 공급 및 노화방지, 해독작용과 항암 물질의 활동을 억제시키는데 효과가 있다.

(9) 황토 목욕

이물질을 여과, 침전시킨 후 미립자 분말을 희석시킨 최상질의 황토를 사용하여 목욕하는 것으로 신진대사 촉진, 장기의 유해 물질 배출, 성인병 예방, 원기 회복에 좋다.

(10) 미역 다시마 목욕

미역의 요오드 성분이 지성, 알레르기성 피부 및 가령이 심할 때와 전신 건강에 좋다. 특히 담을 풀어 주고 만성적인 근육 통증과 부종에 효과가 있다.

4) 질병에 따른 목욕요법

종류	방법	효능
부종	소금 목욕 : 38~40℃ 정도의 물에 천일염 한 줌을 넣고 혼합시켜 30분 입욕 후 물로 헹군다.	해수에는 염분과 각종 무기질 성분이 다량 들어있고 특히 소금의 삼투압에 의해 부종을 완화시키는데 효과적이다.
여드름/ 아토피성 피부염	녹차 목욕 : 녹차 잎을 우려내어 욕조에 넣고 목욕한다.	녹차 잎의 각성 성분이 잠을 깨게 해주며 염증을 가라앉히는 작용을 한다.
알레르기성 피부	미역 다시마 목욕 : 소금기 없는 미역을 면 주머니에 싸서 뜨거운 물에 담가 우려낸 후 목욕한다.	미역의 미네랄과 각종 비타민에 의해 피부를 진정시키는 효과가 있다.
해열작용	1:1 비율의 귤껍질과 생강을 끓여 물과 섞거나 건조시킨 것을 면주머니에 담아 39~40℃정도의 물에 담그고 목욕한다.	비타민 C가 많은 귤껍질은 해열작용에 탁월하다.
견비통	솔잎 목욕 : 천에 감싼 솔잎을 뜨겁게 하여 아픈 뼈마디에 붙인다.	다량의 엽록소 등이 함유되어 있어 요통, 어혈로 인한 통증, 신경통, 특히 견비통에 좋다.
류마티스 관절염	겨잣가루 목욕 : 겨자분말을 우려낸 물에 가슴 아랫부분만 입욕하여 환부가 빨개지고 후끈해질 때까지 하면 효과가 있다.	겨자는 혈관을 이안시켜 혈액순환을 원활히게 하고 통증을 완화시키는 작용을 한다.
당뇨병	온욕 : 식후 2시간 후에 41~42℃정도의 온탕에 3~4분 들어갔다 2~3분 휴식시간을 갖으며 이를 2~3회 반복한다.	장기의 활동을 증진시켜서 인슐린의 분비를 높이는 효과를 낼 수 있다.
요통	40~41℃정도의 중온의 따뜻한 물에 입욕하여 안정을 취한다. 급성 요통은 응급조치로서 냉찜질한다.	온열자극에 의해 요통의 통증이 감소하게 된다.
고혈압	반신욕 : 39~40℃정도의 약간 따뜻한 욕탕에 30분정도 반신욕을 한다.	미온욕은 혈압의 상승을 막아주며 혈관을 확장해주는 역할만을 함으로써 혈압을 내려준다.
저혈압	42~43℃의 따뜻한 물에 2~3분씩 2~3회 반복 입욕한다.	단시간 목욕을 되풀이함으로서 피부를 자극한다.
위산과다분비/ 저하	위산 과다분비 시 : 따뜻한 목욕을 한다. 위산 저하 시 : 33~35℃의 약간 찬물에 20~30분 정도 장시간 냉온욕을 한다.	

BEAUTY MASSAGE THERAPY

CHAPTER 5

뮤직테라피

1. 뮤직테라피 MUSICTHERAPY

2. 사운드테라피

CHAPTER

5 뮤직테라피

1. 뮤직테라피 Musictherapy

1) 뮤직테라피의 유래와 정의

뮤직테라피는 인간의 청각에 반응하는 기법으로 '음(音)'의 강약, 장단, 고저, 음색, 화음 등의 일정한 법칙에 따라 인체에 다양한 효과를 주는 테라피로 '음악치료'라 부르기도 한다.

인간이 들을 수 있는 영역의 음과 소음을 소재로 하여 박자 · 선율 · 화성 · 음색 등을 일정한 법칙과 형식으로 종합해서 사상과 감정을 나타내는 예술을 음악(音樂)이라 정의하며, 음악이라는 말은 'music'과 대응하는 말인데 뮤직은 그리스 · 라틴어에서 유래하였다. 그리스어 무시케(musike)는 무사(musa)들이 관장하는 기예(技藝)라는 뜻이며, 무사(複數)는 그리스신화의 주신(主神) 제우스가 기억의 여신 므네모시네에게 낳게 한 9명의 여신으로, 시신(詩神), 또는 시의여신으로 번역되며, 각기 서사시 · 서정시 · 비극 · 희극 · 무용 · 역사 · 천문 등을 맡아보았다.

라틴어의 무시카(musica)도 독특한 의미를 가진 말로 소리와 울림에 관한 이론 및 실천의 양면을 포함하는 기초학과로 유래된다. 뮤직이라는 의미로서의 음악이 소리를 소재로 하는 예술 활동으로서 파악되기에 이른 것은 근세 이후의 일이며, 동양에서도 처음부터 음악이라는 말이 쓰인 것은 아니다.

중국 및 한국에서는 옛날부터 '악(樂)'이라는 말이 일반적으로 쓰여왔으나, 이 말은 원래 악기와 이를 거는 걸게(架)를 나타내는 상형문자(象形文字)였다. 그리고 중국의 고대나 한국에서의 '악'은 고대 그리스의 무시케와 같이 도덕이나 윤리와 밀접 불가분의 관계를 지녀 이를 예악(禮樂)이라고 하였다. 한국에서는 개항 이후 1880년대에 선교사들이 들여온 서양 음악을 아악(雅樂) 등 재래의 음악과 구분해서 양악이라 불렀는데 일반인이 오늘날과 같은 상식적인 의미로 쓰기 시작한 것은 1910년 전후의 일이다.

음악은 그것이 지닌 구조와 에너지 성향에 따라 사람을 흥분시키고 각성된 반응을 일으키기도 하고 긴장을 이완시키거나 진정시키기도 하는데, 그것을 '음악의 힘'이라고 할 수 있다. 이러한 반응은 신체 생리에 미치는 영향력 이외에도 하나의 사회현상으로 다른 사람들과 함께하는 사회적 기반을 조성하여 의식, 학습, 보상뿐 아니라 치료에 이르기까지 다양한 기능의 목적을 위해 사용된다.

음악 요법이란 음악을 인체의 정신적, 신체적 건강을 회복시키고 유지 및 증진 시키기 위해 음악을 이용하여 인체의 긍정적인 효과를 주는 요법이다. 음악이 가지고 있는 각종 심리적 생리적 반응을 이용하여 질병의 치료에 음악의 기능성을 이용하여 감정을 완화시키거나 자극을 줌으로써 질병의 치료에 도움을 주는 것을 말한다.

2) 뮤직테라피의 특성

슈먼 레조넌스(Schumann Rrsonance)란 지구 고유의 주파수에 사람의 뇌파가 공명한다는 이론이다. 음악을 들으면 뇌가 슈먼 레조넌스에 동조하여 뇌파의 특성을 선택적으로 살려 치유 효과를 촉진한다.

이집트 의학 파피루스에는 음악이 여성의 생식률에 영향을 미친다고 기록되어 있으며, 고대 그리스에서도 음악이 치료의 목적으로 사용된 많은 예들이 있다. 특히 미국의 경우 음악치료는 정신질환자들에게 가장 먼저 사용되었고 이어서 정서장애, 학습장애, 정신지체, 신체장애, 감각 장애, 발달장애 환자들에게 활발히 적용되고 있으며, 또한 노인성 질환자와 치매 환자들도 음악치료의 대상이 되고 있다. 음악치료는 일종의 치유 파동 테라피로서 기(氣) 또는 생체 에너지를 질병에 대응하도록 인체에 전달시켜 질병 치료를 촉진한다.

3) 뮤직테라피의 효과 및 활용법

정보화시대의 직업병, 스트레스 등은 현대의학으로는 치료할 수 없는 경우가 많다. 그러므로 대체의학의 한 부분으로써 오래전부터 사용해왔던 소리 요법인 뮤직테라피는 사람의 마음의 병을 치유하는 힘이 있다.

좋아하는 음악을 들으면 기분이 좋아지고 슬픈 음악을 들으면 우울한 기분을 느끼게 된다. 멜로디의 리듬을 익히며 마음속으로 리듬을 따라 몸을 움직이면 통증완화, 호르몬 분비의 촉진과 생리적 균형 유지 등의 효과를 준다. 또한 생활 속에서 항상 뮤직테라피를 활용하거나 피부미용 테라피 관리 시 시너지효과를 준다. 음악은 신체를 충분히 이완 시켜주며 호르몬의 분비를 조절하고 신진대사를 활발하게 하여 탄력 있는 피부로 유지시켜준다.

2. 사운드테라피

1) 사운드테라피의 정의

소리를 이용하여 인체에 정신적, 육체적으로 많은 영향을 줌으로 질병의 치유와 예방에 사용하는 요법으로 사운드테라피는 소리 요법이라고도 불린다. 소리(sound)란 음(音)이 갖는 파동으로 일반적으로 사람이 들을 수 있는 소리의 범위를 가청주파수라고 하는데 대략 진동수가 16~200,000Hz인 영역이다.

주파수란 진동수(frequency, 振動數)라고도 하며 시간에 따른 진동수로써 주기적인 현상이 단위시간 동안 몇 번 일어났는지를 뜻하는 말이다. 이러한 소리의 진동을 이용하여 인체 유효한 영향력을 미치는 것이 사운드테라피이다. 이러한 사운드테라피는 인간의 뇌와 신경시스템이 밀접한 관계를 가지고 있는 것에 기초를 두며 특정 주파수의 소리를 들어서 뇌에 자극을 주는 것이다. 사운드테라피는 이와 같은 원리를 이용하여 사람의 음성과 좋은 음악, 자연의 소리들로 고통을 감소시키거나 병을 치료하는데 활용한다.

2) 사운드테라피의 기원과 역사

원시 고대 사회부터 사람들은 손바닥 치기, 노래하기, 춤추기 등 전통적인 음향을 치료 의식으로 사용해 왔다. 티벳과 인도에서는 오래전부터 사운드를 치료적 차원에서 사용한 기록이 있으며, 이집트에서는 불임증, 류머티즘, 통증에 사운드를 사용하였다고 하며, 알렉산더대왕이 정신이 혼탁할 때 '라리'라는 악기의 진동음으로 맑은 정신을 가질 수 있었다고 전해지고 있다.

소리와 치유의 관계가 공식화되고 기록되기 시작한 것은 19세기 말부터이다. 1896년 미국의 한 치료사는 '어떤 음악은 생각하는 능력과 혈액순환을 향상 시키는 효과가 있다.' 라는 사실을 발견하였으며 좀 더 명확하게 밝혀지기 시작한 것은 2차 세계대전 이후부터 군인의 사회 복귀를 위해 소리를 이용한 치료법이 사용되기도 했다. 1950년대에는 소리파동치료가 유럽에서 발전되기 시작하였다. 헤드폰을 통해 치료 효과를 거두는 방법으로 프랑스 이빈인후과 의사인 알프레드 토마티스는 '토마스요법'을 창안하였고, 의사 가이 버라드는 '청각통합 트레이닝' 방법을 창안하였다. 영국의 피터 매너스는 치료용 진동 기계를 개발하여 이것이 몸의 세포를 건강하게 한다고 믿었다. 이러한 치료 요법들은 현재에도 정서불안 및 학습장애 등에 활용되고 있다.

3) 사운드테라피의 효과

최근의 명상과 요가와 같이 정신적 수양이 강조되는 테라피에 많이 활용되고 있으며, 메디컬 치료 등에도 다양하게 이용되고 있다. 현대인들의 스트레스와 정신적 긴장 완화에 도움을 주기 위해 스파

센터에는 여러 가지 형태의 사운드 테라피를 이용하여 혼연일체(渾然一體), 즉 육체와 마음, 영혼의 안정을 위한 관리를 시행하고 있다.

(1) 스트레스의 해소

많은 사람들이 일상생활에서 스트레스라는 단어를 많이 사용하지만 스트레스가 무엇인지를 물으면 정확하게 설명하지 못한다. 우리가 다양한 상황에 스트레스라는 용어를 사용하면서 그 정의가 모호해진 것을 반영한다.

스트레스는 인간의 모든 삶의 영역에 존재하기에 누구도 스트레스를 피할 수는 없으며, 스트레스 상황에 처하면 스트레스에 대한 신체 반응으로 자율신경계의 교감부가 활성화되고, 응급상황에 반응하도록 신체의 자원들이 동원된다. 스트레스를 유발하는 요인은 매우 다양하나 적응의 관점에서 볼 때 스트레스를 어떻게 평가하고 대처하느냐가 중요하다고 볼 수 있다. 신체가 스트레스를 대응하기 위해 호르몬의 분비가 변하게 될 때, 적절한 음악과 진동을 통한 관리는 호르몬의 분비를 조절하여 인체의 균형을 회복시켜 준다.

(2) 이완 Relaxation

이완은 긴장 수준과 스트레스 수준을 낮추어 스트레스를 극복하는 방법으로 이완 기법에는 이완법, 요가, 목욕, 취미생활, 마사지, 자율 훈련, 마음챙김 명상, 호흡법, 심상법, 점진적 근육 이완법 등이 있다. 이완을 위해서는 어떤 방법이든 자신에게 가장 적절한 것을 선택하여 꾸준히 활용하는 것이 중요하다. 이완법은 호흡을 통제하고 근육을 이완시켜 긴장을 완화하는 것이며, 이완 훈련의 목적은 스트레스에 의한 부정적인 신체 증상을 줄이거나 방지하고, 스트레스 상황에서 불안과 긴장 수준을 낮추는 것이다.

사운드테라피는 짧은 시간에 많은 알파파 촉진기능을 가지고 있으며, 알파파는 사람의 뇌파에 대표적인 것으로, 보통 10Hz 전류의 규칙적인 파동이며 연속적으로 나타난다. 알파파 안정되게 나타나는 것은 눈을 감고 진정된 상태로 있을 때이며, 눈을 뜨고 물체를 주시하거나 정신적으로 흥분하면 알파파는 억제된다. 청각 및 피부감각을 통해 전달된 정보는 뇌의 알파파를 짧은 시간에 유도하여 긴장감 완화, 분노 조절, 불면증 완화, 심리적 스트레스 완화 등의 이완 효과를 발휘하게 된다.

① 요가 : 인도에서 나온 전통적 심신 수련법의 하나로 신체, 마음, 정서를 이완시킨다.
② 목욕 : 근육 긴장 이완에 큰 효과가 있다.
③ 취미 생활 : 취미 생활에 몰두하는 것도 이완하는 데 상당한 효과가 있다.
④ 마사지 : 근육의 긴장을 풀고 신체조직과 근육의 혈액 순환을 돕는 효과가 있다.

⑤ 자율 훈련 : 자기 최면을 통한 이완 기술로 자신의 몸이 이완되어 묵직해지고 따뜻해지는 심상을 통해 신체와 마음을 편안하게 만들어 준다.

⑥ 마음챙김 명상 : 생각을 객관적으로 주목하여 생각을 검열하거나 편집하지 않으면서 세상을 보는 방식과 무엇이 자신을 동기화시키는지에 대한 통찰을 얻을 수 있다.

(3) 심신 활성화 효과

알파파는 눈을 감고 릴렉스한 상태 즉, 집중하고 있지 않은 상태일 때 뇌파활동은 느려지는데 이때 발생되는 뇌파이다. 약 8~12Hz의 주파수이며, 30~60μV이며, 두정엽과 후두엽에 걸쳐 시각영역에 해당하는 부위에서 잘 포착된다. 현저한 알파파의 결핍은 불안, 스트레스, 뇌손상 질병 등을 유발할 수 있다.

테라피에 의해 유도된 알파파는 이완되어 편안해진 인체의 서브미널 이펙트(subminall effect: 원하는 상황이나 행동 자극은 잠재의식에 빠른 속도로 주입되고 이는 본인이 원하고 성취하려는 심리 상태를 만들수 있게 한다.)를 가져와 심신의 밸런스를 유지하여 주며 근육의 긴장 이완 및 정신적인 불안한 상태나 신경성인 경우 심신의 안정과 편안한 숙면을 취할 수 있도록 한다. 또한 원기회복, 우울증 해소, 집중력 회복 등 심신의 활성화를 유도하여 건강증진을 도모한다.

4) 사운드 테라피의 용도와 방법에 따른 분류

(1) 외피세포자극법

일정한 주파수를 들려주어서 뇌를 자극하여 뇌에 관련된 질병을 치료하는 방법으로 치매나 학습장애에 사용되며 미국과 유럽에서 임상적으로 많이 활용된다.

(2) 음악요법

뇌파를 안정시키는 방법으로 음악이나 자연의 소리를 활용하여 정신적 안정과 집중력 향상을 꾀하는 방법이다. 자연의 소리를 그대로 담은 자연 음악이나 특별한 목적으로 녹음된 명상음악, 건강음악 등 여러 가지 음악이 이에 해당된다.

(3) 음에너지 가감법

개개인의 고유한 음성을 분석하여 부적하거나 과도한 음에 대해 에너지를 가감하는 방법으로 청각기관과 진동의 전달을 통해 치료하는 방법이다.

5) 사운드테라피의 활용

일반적으로 사운드테라피 관리시 사운드 발생 장치와 그 사운드에 따른 진동을 함께 발생시키는 베드나 의자형의 장비가 출시되어 사용되고 있고, 독일에서는 물속에서 싱잉볼(Singing ball)이라는 놋그릇 형태의 장치를 두드렸을 때의 소리와 진동을 테라피에 접목하고도 있다. 티벳이나 인도에서는 북이나 징 등의 소리를 이용한 명상과 테라피에 활용하고 있다. 특히 의료분야에서도 정형외과나 치과, 신경과 등의 통증관리, 불면증, 불안증의 관리와 산부인과 영역에서 출산의 불안과 고통 경감에 사운드테라피를 활용하는 경우가 증가하고 있다.

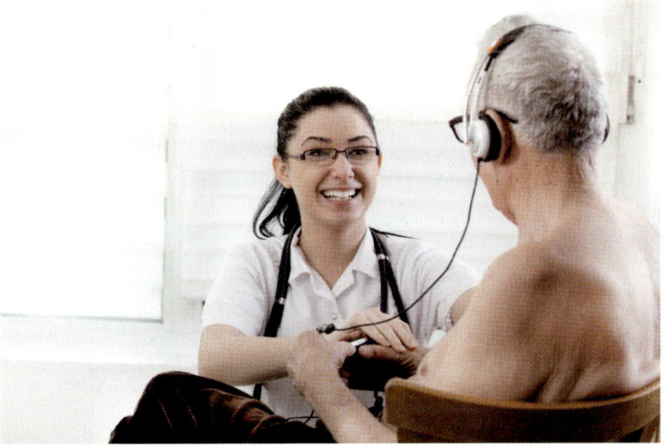

6) 뮤직테라피와 사운드테라피의 비교

사운드테라피는 16~150Hz의 음역으로 뮤직테라피를 포함하는 요법이다. '음'뿐만 아니라 소리와 진동의 강약, 장단, 주파수, 파형, 무게감의 법칙을 유도하는 요법으로 청각 뿐만 아니라 피부의 감각에 반응하는 기법으로 청각 장애인도 적용 가능하다.

뮤직테라피는 17~4186Hz의 음역으로 신호파(signal wave)가 기본파 성분이 적고, 배음성분이 많은 것을 이용한다. 음의 강약, 장단, 고저, 음색, 화음 등 음의 일정한 법칙에 따른 조합으로 인간의 청각에 반응하며 청각 장애인 적용은 불가하다.

개인의 기호에 따라 음악적 느낌이 다르므로 치료 효과도 일반화되기에 한계가 있지만 사운드테라피는 체감음향 진동으로 보완할 수 있다.

B E A U T Y
M A S S A G E
T H E R A P Y

CHAPTER 6

컬러테라피

1. 컬러의 지각 심리
2. 컬러의 심리 효과
3. 컬러테라피의 개념과 역사
4. 컬러테라피와 건강
5. 컬러테라피의 종류

CHAPTER

6

컬러테라피

1. 컬러의 지각 심리

태양의 빛을 프리즘을 통해서 보면 각 컬러가 고유한 진동수를 가지고 있음을 알 수 있다. 우리가 컬러를 볼 수 있는 것은 빛이 있기 때문이다. 컬러는 이 빛의 반사와 흡수로 만들어진다. 빛, 눈, 사물 중에 어느 하나라도 없으면 만들어지지도 않으며 변하면 컬러는 변한다.

컬러란 빛의 성질이며 사물의 성질이기도 하다. 주위의 모든 사물은 자신에게 필요한 빛은 흡수하고 필요하지 않은 빛은 반사하면서 고유의 컬러를 갖는다. 이렇게 만들어진 고유의 컬러는 시신경을 통해 우리의 뇌로 전달되고 뇌의 중추신경에서 컬러를 통한 자극을 받게 된다. 사람은 시각을 통한 컬러 자극이 오감 중에 80~90%를 차지한다.

우리의 몸은 여러 감각을 통해 이러한 컬러를 받아들인다. 햇빛에 선탠을 하면 피부가 검게 변하는 것처럼 피부를 통해서도 받아들인다. 우리가 색을 본다는 것은 단순히 시각적 자극을 통한 대뇌 감각세포의 생물학적인 것보다 더 복잡한 관념적, 공감각적, 상장적, 감정적, 생리학적인 컬러 지각 심리 효과를 동반한다.

컬러의 지각 심리는 시각과 호흡기관, 피부를 통해 신체에 흡수되어 건강에 영향을 미치며, 내면적인 정신과 감정에도 작용해 사람의 기분과 영혼을 조율하는 심리적인 현상이다. 컬러를 통한 감정은 개인의 개성이나 환경, 조건에 따라 다른 감정을 불러일으키게 된다. 이러한 심리적인 작용은 대상에 대한 경험을 통해 고유한 감정을 가지기도 하고 환경과 사물의 관계에서 연상적인 감정이 일어나기도 한다.

색의 진동은 피부를 통해 몸에 흡수되어 몸안의 모든 조직에 활력을 촉진해 신체와 정신, 감정이 조화롭게 어우러져 인체의 긍정적인 에너지를 생성한다. 인간은 일생 동안 이러한 끊임없는 컬러의 흐름을 몸속으로 받아들여 생리적, 심리적으로 상호작용하며 살아간다. 컬러테라피는 이러한 색채 지각 심리효과에 바탕을 두고 있다.

2. 컬러의 심리 효과

1) 레드

레드 컬러는 열정과 생명력, 기쁨, 흥분, 기쁨, 사랑을 상징하는 자극적이고 원초적인 에너지를 지니고 있다. 레드의 이미지는 자신감이 있으며 활동적이고 생동감이 있다. 심리적으로는 신경을 자극하여 다소 불안감과 긴장감을 초래하기도 하지만, 다양한 아이디어와 감성을 자극하기도 한다. 만약, 당신이 레드에 강하게 이끌린다면 당신 안에는 어떠한 괴로운 환경 속에서라도 힘차게 살아가고자 하는 강인한 생명력이 약동하고 있고 강한 정신력이 잠재되어 있는 것이다. 때문에 삶에 적극적으로 부딪히며, 새로운 모험과 도전을 통해 자신을 일깨워내고자 하는 사람은 레드에 끌리게 된다. 그러므로 기분이 우울하거나, 좌절감을 느꼈을 때, 자신감이 없을 때 레드 컬러로 감성지수를 높이면 의욕과 활기가 생긴다.

2) 오렌지

오렌지 컬러는 떠오르는 태양, 신성함, 기쁨을 상징하며 삶에 대한 긍정적인 태도를 가지고 행복과 즐거움을 주고 있다. 인생의 장벽이나 생활의 어려움에 다다랐을 때 자신 안에서 열정을 발견하게 되어 활력을 줄 수 있다. 오렌지컬러는 회복, 탄력, 따뜻함, 자극의 효과가 있으며 신맛과 달콤한 맛이 있어 식욕 촉진 및 음식의 맛을 향상시키는 효과가 있다. 레드와 옐로우가 통합된 컬러로, 관계와 인연, 본능과 통찰력을 가진다. 만약 당신이 오렌지 컬러에 이끌린다면, 당신 안에는 타인에 대한 끈끈한 정(情)과 유대감, 그를 통해 얻어진 깊은 통찰력이 숨어 있다. 오렌지 컬러에는 서로 이어지고 결합되는 즐거움이 있기 때문에, 주변을 유쾌하고 활기차게 만드는 사교적인 사람은 오렌지 컬러에 끌리게 된다.

3) 옐로우

옐로우 컬러는 태양, 황금, 영원한 아름다움을 상징하는 밝고 선명하며 활동성을 나타내 사람의 기분을 즐겁게 하는 컬러이다. 현실적이고 안정적인 양질의 삶을 추구하며 고급스럽고 신뢰감 있는 이미지를 주는 컬러이다. 옐로우 안에는 인간의 지성을 자극하는 힘이 있어 옐로우에 노출되었을 때 기억력이 높아지며 지성과 이해 판단력을 높인다. 또, 불안을 해소하는 힘이 있다. 때문에 옐로우는 정확한 판단력으로 사물을 훌륭하게 조직하고 컨트롤 할 수 있다. 만약 당신이 옐로우에 이끌린다면 당신 안에는 주변을 환하게 비추는 밝고 낙천적인 마음과 다양한 것들을 흡수하여 자신의 것으로 소화해낼 수 있는 능력이 숨어 있다. 옐로우의 밝고 따뜻한 느낌을 통해 우울증과 신경질적인 심리에 안정감을 부여한다.

4) 그린

그린 컬러는 자연, 자유와 평화를 상징하며 내면적 감정을 조화시키는 능력을 가지고 있는 컬러이다. 자연의 세계에서 가장 지배적이면서 자연스러운 컬러이다. 새생명과 에너지이며, 감정을 진정시키고 올바른 판단력과 양심을 고양시키며 이해력을 유도한다. 다른 모든 컬러에 에너지 균형을 제공하여 스트레스나 불안감을 해소, 휴식이 필요할 때 본능적으로 그린을 연상하게 된다. 보는 것만으로도 기분을 편안하게 해주고 눈의 피로감을 줄여주는 색으로 긴장을 완화해주고 소화도 잘 되게 도움을 준다. 마음을 위로 받고 사랑받기를 원할 때 쓰이는 컬러이다. 이 컬러는 가슴에 작용하며 감정을 누그러뜨리는 행복을 준다. 만약 당신이 그린 컬러에 이끌린다면, 당신 안에도 자연과 같이 다른 사람이 들어와 편히 쉴 수 있는 여유와 너그러움이 있다는 것을 의미한다. 심리적으로 안정감을 주고 편안함과 상쾌함을 느끼게 한다. 차분함과 여유로움을 느끼게 하고 스트레스를 줄이고 감정의 균형과 불안정한 감정에 도움을 준다.

5) 블루

블루 컬러는 물, 하늘, 젊음, 차분함, 신뢰감을 상징하며 맑고 청량한 이미지와 정적이고 우울함과 신비로움을 지닌 컬러이다. 당신이 블루에 이끌린다면, 고요한 내적 평화와 선하고 순수한 양심을 소중하게 여기는 사람이다. 블루에는 하늘과 같은 초연함과 고고함이 있기 때문에, 침착함과 냉정함을 유지하면서, 사적인 감정에 치우치지 않고 공정하게 행동하도록 도와준다. 심리적으로는 불면증이나 불안감을 해소시켜 자신감을 만들어 주고, 정신적으로는 논리력과 분석력, 통찰력을 증진시키기도 한다. 블루는 강한 카리스마와 신뢰감을 주므로 기업 CI나 마케팅에 다양하게 이용된다.

6) 남색

남색 컬러는 고도의 직관과 고차원의 인식능력을 상징하며 이지적이며 신뢰감과 권위를 주는 컬러이다. 당신이 남색에 이끌린다면, 당신의 내면에는 초감각적인 능력이나 사물의 본질을 꿰뚫어 볼 수 있는 통찰력이 내재되어 있다. 그러나 한편으로는 고립과 분리, 우울에 깊이 빠져있을지도 모르며, 타인을 조작하거나 통제하려는 경향이 있다.

7) 퍼플

퍼플 컬러는 블루 컬러와 레드 컬러가 합쳐져서 만들어진 색으로 품위, 고상함, 자존심, 고독, 신비를 상징하며 예민하고 열정을 지니고 있으면서 표현력이 강하여 자신의 마음을 위로해 주는 컬러이다. 또, 남성적이고 감각적이고 원초적인 힘이 넘치는 것과 여성적이고 영적인 것이 혼합되어 대립되는 것을 통합하는 컬러이다. 당신이 퍼플에 이끌린다면, 당신의 내면에는 자신의 인생에 대한 깊은 화두가 존재함을 보여준다. 퍼플 안에는 이상(블루)과 현실(레드)이 결합되어 있다. 때문에 부정적인 상황을 긍정적으로 치유하고 변형시키려는 사람은 퍼플에 끌리게 된다. 한편으로는 세상을 떠나고 싶은 충동이나 깊은 우울에 빠질 수도 있다. 또한 이상과 현실을 일치시키는 능력을 가지고 있어 자신의 능력을 많은 사람들에게 인정받고 싶을 때 퍼플 컬러를 명상하면 효과를 볼 수 있다.

8) 화이트

화이트 컬러는 신성, 창조, 청결, 결백을 상징하며 자신의 내면적 감정, 사고를 순화하고자 할 때 연상하게 되는 컬러이다.

감정적으로는 시원함과 긴장감, 공허함과 공포 등을 느끼게 되는 컬러이다. 감정을 억누르고 결단이 필요할 때 화이트를 연상하게 되면 흰색의 순수함이 평화와 안락을 준다. 당신이 화이트에 이끌린다면, 때묻지 않은 순수함과 단순함, 자신은 드러내지 않고 타인을 있는 그대로 비추어 주는 속성이 있다. 또한 많은 눈물과 연민을 가지고, 타인의 고통과 괴로움을 함께 느끼는 사람이다. 한편으로는 조금이라도 흠을 잡히지 않으려는 결벽주의에 빠져있거나 감정의 기복이 극심하여 카멜레온처럼 자신을 바꾸는 경향도 있다.

9) 블랙

블랙 컬러는 악마, 죽음, 어둠, 두려움, 공포, 고독, 엄숙 등을 상징하며 가장 숭고하고 경건한 컬러이다. 화려하고 장엄해 보이기도 하지만 가장 볼품없고 드러나지 않는 색이기도 하다. 무한한 우주를 상징하는 블랙은 의사 표시와 감정 표현이 부족하고 고독할 때 나타난다. 블랙은 외부의 스트레스로부터 자신을 보호하는 색이다. 외부의 환경으로부터 자극받는 것을 싫어하며 자신의 주관성이 강한 에너지이다. 환경적으로 너무 휩쓸리거나 심리적인 스트레스를 받는 사람이라면 자기만의 세계를 만들어 쉴 수 있도록 하는 컬러이다.

3. 컬러테라피의 개념과 역사

컬러는 눈과 호흡기관, 피부를 통해 신체에 흡수되어 건강에 영향을 미치며 내면적인 정신과 감정에도 작용해 사람의 기분과 영혼을 조율하는 중요한 요소이다.

컬러의 진동은 피부를 통해 몸에 흡수되어 몸 안의 모든 조직에 활력을 복구시켜 주고 정신적인 회복도 촉진시켜 신체와 정신, 감정이 조화롭게 어우러져 인체의 긍정적인 에너지를 생성한다.

컬러의 자극은 시신경을 통해 대뇌에 전달되어 성장조직으로 연결된다. 필요에 따라 선별된 컬러를 활용하면 생기 · 휴식 · 진정의 효과가 나타나 컬러를 통해 자신의 마음을 들여다 봄으로써 흐트러진 심신의 균형을 찾을 수 있다.

컬러테라피의 개념은 컬러와 테라피의 합성어로 컬러의 에너지와 성질을 심리치료와 의학에 활용하여 스트레스를 완화시키고 삶의 활력을 키우는 정신적인 요법이다. 또한, 컬러의 에너지를 이용한 신체적, 정신적, 영적 질병을 치료할 목적으로 사용되는 요법으로 신체의 자연 치유능력을 강화시켜주는 광선요법이기도 하다.

테라피란 요법 또는 치료라는 뜻으로 심신의 컨디션을 좋게 하는 간접적인 치료방법들을 통칭하는 의학용어이다.

컬러테라피는 직접적인 질병 치료보다는 신체가 가진 자연 치유 기능을 강화시켜 주는 역할을 하게 되는데, 개개인의 건강 상태에 따라서 컬러마다 가지고 있는 고유의 에너지 파장이 각기 장부에 영향을 주어 건강한 삶을 영위할 수 있도록 변화시켜 주는 역할을 한다.

컬러테라피의 적용은 컬러마다 고유의 에너지를 방출하고 있는 컬러의 특성을 이용하여 상담을 통해 자신의 심리 상태에 적합한 컬러를 찾고, 그 컬러를 통해 일상생활의 심리적 안정감을 찾을 수 있다.

컬러테라피를 통해 바이오리듬에 따라 사람의 마음을 기쁘고 상쾌하게 만들기도 하고 짜증나고 놀라게도 하는 감정변화는 물론 인간의 생각을 바꾸게 만들기도 한다. 이러한 컬러를 이해하고 활용하게 되면 에너지를 얻을 수 있고, 빼앗길 수도 있으며 굳게 닫힌 마음의 문을 열게 하여 컬러 명상속에서 강력한 힘을 얻을 수 있다.

사람은 오감을 통해 얻을 수 있는 정보 중 87%는 시각을 통하는데, 이 중 80%는 컬러에 의한 것으로 학계에서는 보고 있다. 현대인이라면 누구나 자신의 건강을 위해 생활 전반에 걸쳐 컬러테라피 이론을 활용하는 것이 꼭 필요하다.

컬러테라피의 역사는 기원전부터 시작되었다. 태양을 숭배했던 고대 이집트의 사제들은 각방마다 다른 색의 햇빛이 들어오도록 장치된 신전에서 빛을 이용해 질병을 치료했다. 컬러치료를 목적으로 하는 컬러테라피는 가원전 4세기 히포크라테스(Hippocrates)가 상처 치료에 연고와 다양한 색깔 있는 수정, 광석, 물감으로 인체를 치료한 기록이 있다. 중세의 교회는 스테인드글라스로 장식되어 있는데 유리에 사용된 빨강, 자주, 파랑, 노랑은 심리적 효과를 고려하여 배치되었다. 동양의학도 음양오행의 다섯 가지 색깔을 신체와 유기적으로 연관해 생각하는 관점을 지니고 있다. 우리 조상들 역시 일찍부터 음양오행에 따른 컬러테라피를 적용해 왔음을 알 수 있다. 우리 조상들은 나쁜 기운을 몰아내기 위해 신부에게 연지 곤지를 발랐고, 무병장수를 기원하며 명절날 어린아이에게 색동저고리를 입혔다. 동지날에 팥죽으로 액운을 물리치려 했고, 출산을 하면 부정을 막기 위해 문 밖에 붉은색 고추를 달았다. 가축을 특정한 컬러가 칠해진 공간 속에 길러서 젖이나 원하는 빛깔의 털을 얻었다는 기록도 있다. 약국에서 사먹는 캡슐의 컬러에도 알고 보면 컬러테라피의 원리가 숨어 있다.

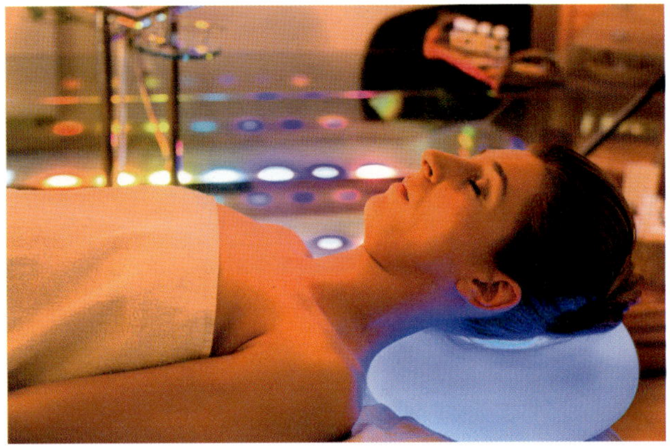

이처럼 컬러테라피는 오랜 경험을 통하여 지혜가 쌓이면서 얻어진 소중한 생활의 철학이라고도 할 수 있다. 많은 과학과 의학분야의 발전과 함께 컬러의 치료적인 측면의 연구가 시작되면서 정신적, 심리적 치료까지 광범위하게 연구되어 왔다. 컬러테라피는 오랜 세월을 거쳐 발전이 거듭되고 있다.

4. 컬러테라피와 건강

컬러는 우리가 볼 수 있는 유일한 에너지이다. 인간은 태양에너지를 받으면서 혈압, 체온, 근육 활동, 수면 패턴, 면역체계 등의 모든 신체 에너지 활동에 관여하고 있다. 유색광선은 신체뿐 아니라 감정, 기분, 정신세계에도 큰 영향을 미치고 있다. 신체의 감각기관 중에서도 외부의 자극을 인식하는 것에 있어서 우리의 시각에 많은 부분을 의지하고 있으며, 컬러와 많은 관계를 맺게 된다. 눈과 피부를 통해 흡수된 컬러는 우리의 면역 체계, 자율신경 등 신체와 정신 건강뿐만 아니라 의식주 전반에 영향을 미친다.

컬러의 고유 파장과 진동이 인간의 신체조직에 영향을 미쳐 건강과 정서적 균형을 이룰 수 있다. 그러므로, 컬러는 신체의 신경계, 순환계, 호르몬계, 림프계, 근육계, 골격계, 특히 자율신경계에 반응하여 자율신경의 부교감신경과 교감신경을 자극해서 호르몬 체계에 큰 영향을 미치며 인체의 건강과 심리적인 면에 밀접한 반응을 일으킨다.

컬러테라피는 모든 종류의 색채 스펙트럼을 이용하여 정신적, 육체적 환경을 개선하고 치유하는 과학적인 방법이다. 즉, 노란색은 따뜻함을, 검정색은 공포심을, 푸른색은 시원함을 느끼게 하는데 이렇게 고유한 파장의 컬러가 주는 영향을 치료와 개선에 활용하는 것이 컬러테라피이다.

현대인의 과도한 스트레스는 우울증이나 신경증, 다양한 정신질환으로 나타나는데, 컬러테라피는 자율신경계를 조절시켜 주며 긴장을 완화시켜 몸과 마음을 쾌적한 상태로 유지시켜 스트레스 해소에도 효과적이다.

그러므로 컬러테라피는 컬러가 가지고 있는 고유의 특징을 이용해 피로와 수면 장애, 질병에 이르기까지 질병의 원인을 진단하여 컬러의 에너지를 통해 다양한 질병을 직·간접적으로 치료하는 '대체의학'이라고 할 수 있다. 자신의 건강은 지금 내가 좋아하는 음식의 맛과 옷을 입을 때 선택하는 컬러를 통하여 알 수 있듯이 우리들이 살아가면서 자연의 섭리에 따라 순응하며 살아간다면 현대의학에서 치료하지 못하고 있는 질병까지도 치료될 것이다. 올바른 컬러 선택은 질병을 치료할 수 있음은 물론, 전반적인 우리의 삶을 행복하게 바꾸어주기도 한다.

컬러가 인체에 미치는 생리적인 영향에 대한 관심이 집중되면서 여러 사실들이 밝혀졌다.

다음은 컬러가 인체에 미치는 특성이다.

1) 레드 RED

우리가 빨간색에 노출될 때 간뇌의 시상하부 밑에 있는 내분비기관인 뇌하뇌하수체선에서 부신으로 전달되어 아드레날린이 분비된다. 이 아드레날린은 혈액순환을 원활하게 하고 헤모글로빈의 생성을 돕는다. 자율신경계의 교감신경을 촉진시켜 혈압을 상승시키고 맥박수를 늘리고 신체에너지를 촉진해 세포재생을 활발하게 한다. 신진대사 증가로 지방축적을 제거하므로 피부재생, 노화, 슬리밍 관리에도 효과적이다. 반면 열병이나 고혈압, 화상 등이 있을 때 레드는 역효과를 가져올 수 있으므로 피해야 한다.

2) 오렌지 ORANGE

주황은 빨간색과 노란색의 중간색으로 두 색상이 가진 효과를 모두 지니고 있어 혈액순환을 촉진하고 신체 에너지를 향상시킨다. 림프액의 흐름을 촉진시켜 정체액을 제거하고 배출한다. 부은 다리나 부종 관리에 적합하며 바디 배농, 배수관리에도 효과적이다. 정력과 활력 회복, 세포재생기능과 신체의 기능을 정상화하는 기능을 가지고 있으며 신경긴장의 이완, 각종 분비 활동과 기능을 조화롭게 조절한다. 세포조직의 조기노화 및 호르몬의 이상분비로 인한 피부 트러블을 관리하는 효과적이다. 오렌지는 성적인 즐거움을 촉진한다.

3) 옐로우 Yellow

운동신경을 활성화하고 근육에 사용되는 에너지를 생성하며 소화기관을 조절함으로서 생물의 정화 능력을 도와준다. 위장 부위에 노란색을 적용하면 위액분비를 촉진하고, 적절한 내장운동을 도모하고 담즙의 흐름을 자극하여 소화불량과 변비를 해결해 준다. 또한, 혈액의 흐름을 정화시키고 림프관을 활성화시켜 신경계와 다양한 신체기관의 순환작용 활성화에 도움을 줄뿐만 아니라 간, 비장, 쓸개의 활동을 자극하여 내장 운동을 활성화한다. 신경계에 긍정적으로 적용하여 노여움을 누그러뜨리고 실망감을 없애주며, 기쁨, 즐거움, 지성 등을 자극하므로 우울증 치료에 효과적이다. 콜라겐과 엘라스틴의 생산증가에 도움을 주며 슬리밍과 피부의 튼선, 세포조직의 조기노화 현상 등의 전반적인 피부상태의 개선과 수술 후 회복을 빠르게 한다. 당뇨병 환자들에게 노란색은 췌장의 인슐린 분비를 자극해 처방받는 인슐린의 양을 줄일 수 있게 도와준다.

4) 그린 GREEN

인체에 유익한 신진대사 작용을 일으킨다. 혈액의 히스타민 수준을 올려 혈관을 팽창시키며 피부 손상 시 다량으로 분비되어 손상부위를 빠르게 호전시킨다. 균형을 가져오며 지성 및 밸런스가 안 맞는 얼굴관리에 효과적이다. 신진대사를 정상화 시키는 바디 산소관리에 좋으며 디톡싱 효과가 있다.

진한 녹색은 혈압을 내려주고 호흡을 편하게 해주며, 근육위 긴장을 감소시키는 효과가 있다. 청록색은 시원하고 긴장을 풀어주고 상쾌한 느낌을 주기 때문에 두통, 창상, 혹은 타박상, 화상, 여드름, 습진, 만성 피부병 등의 염증성 질환에 좋다. 청록색은 면역체계에 영향을 주기 때문에 세균이나 박테리아가 침입하지 못하도록 하여 장염, 이질, 화농성 종기와 더불어 피부질환에도 효과가 있다. 보는 것만으로도 기분을 편안하게 해주고 눈의 피로감을 줄여주는 색으로 긴장을 완화해주고 소화도 잘되게 도움을 준다.

5) 블루 BULE

부교감신경을 촉진시켜 심리적으로 가장 편안하게 하는 색이다. 뇌를 안정시키는 신경전달 물질을 분비해 맥박을 감소시키고 마음을 차분하게 가라앉히고 심신의 회복에 도움을 준다. 또한 체온을 떨어뜨리며 식욕을 억제해 다이어트에도 효과적이다. 미용에서 파란색은 진정시키는 효과로 지성피부, 피부염증을 유발하는 여드름, 모세혈관, 확장증 등 피부의 많은 문제들을 해결하는데 효과적이다. 또한 스트레스를 많이 받는 경우, 항상 피로한 경우에는 파란색이 도움이 되며 과도하게 긴장하게 되는 상황에서 스트레스를 해소시켜주는 컬러이다. 감수성이 예민하고 내향적인 사람들은 두통이나 불면증으로 고생하는 경우가 많기때문에 숙면을 유도하는 파란색을 침실에 사용하는 것이 도움이 된다.

인디고 블루(Indigo BULE)는 긴장을 완화시키고 열기를 식힌다. 혈액 정화작용과 백혈구 생성을 도와 청력 회복 및 귀 질환의 염증을 완화시키고 호흡기의 기능을 증진시키고 코, 목, 기관지 등의 호흡기 질환의 회복에 도움을 준다. 남색광선은 복잡 미묘한 영적 신체의 심리적 흐름을 통제 할 뿐 아니라 전두 중심륜을 통제하며 신체적, 감정적, 영족 수준에서 시각 및 청각, 후각에 영향을 준다. 남색이 인체에 미치는 영향은 긴장을 풀어주고 열기를 식히고 수렴성이 있다. 이 색은 부갑상선을 자극하고 갑상선을 억제하며 혈액을 정화하고, 식게포를 생성시키며, 지혈효과가 있다. 또한 남색은 근육을 이완시키고 호흡기 기능을 증진시키며 최면제와 같이 고통을 느끼지 않게 한다.

6) 바이올렛 Violet

정신과 묵상의 색상이다. 충혈을 완화하며 여드름 관리에 적합하다. 표면 염증 관리에 추천한다. 정화작용, 영양상태와 정신적인 활동을 자극하는 색으로 백혈구 세포의 활동을 증진시켜 면역 및 림프계의 활동을 향상시켜준다. 체내의 나트륨, 칼륨 대사의 평형을 조절하는 기능을 가지고 있으며 허기증세를 적절히 조절해 주어 식욕조절 효과가 있어 셀룰라이트관리 및 슬리밍의 보조수단으로 사용되고 있다. 또한 근심을 덜고 편안하게 휴식을 취할 수 있도록 해주는 컬러로 마음을 차분하게 가라앉혀주고 해독시켜주는 효과도 있다. 불면증에 침구와 소품을 바이올렛으로 하면 심장 활동을 편안하게 유지시켜 휴식과 숙면을 취할 수 있도록 도와준다.

7) 화이트 White

폐와 연관된 색이다. 폐는 피부와 허파를 통하여 공기 중의 산소를 받아들이고 탄소를 내보내는 기관으로 알려져 있다. 한편으로는 공기 중에 있는 빛의 모든 색소를 몸 세포가 받아들여 에너지화 하는 기관이기도 하다. 빛이 가득할 때 폐로 호흡해야 폐기능이 좋아진다.

흰색은 빛을 모두 투과시켜 몸에 무지개색 전부를 비추므로 흰색은 건강을 지키기 위해 꼭 필요한 색이라 할 수 있다. 흰색은 슬픔을 치료하는 색이기도 하다. 몸의 세포들이 슬픔으로 낙망하고 절망할 때 흰색 옷을 입음으로써 태양의 순수한 빛을 몸으로 받아들여 폐 세포를 새롭고 긍정적이고 환하게 변화시켜준다. 수 세기 동안 컬러가 인체에 생리적, 감정적, 심리적으로 미치는 영향에 대해서는 효과가 이미 밝혀졌으며 최근에는 컬러테라피가 피부, 비만관리를 위한 전신 피부미용 분야에서도 중요한 역할을 하고 있다.

5. 컬러테라피의 종류

1) 광선컬러테라피

컬러는 빛으로부터 오는데 이 빛은 체내에 흡수되어 뇌 속의 시상하부를 자극하여 생체리듬으로 작용하여 혈압, 체온, 호흡, 소화, 성기능, 기분 상태, 면역체계, 노화 과정 등과 같은 조절기능을 원활히 함으로써 건강을 증진시킬 수 있도록 작용한다. 컬러는 그 사람이 살아온 방법이나 혹은 마음 자체를 드러내기도 한다. 컬러는 심리뿐만 아니라 물리적인 신체활동이나 질병의 경과에도 많은 영향을 미친다. 컬러를 통한 힐링의 중요성이 주목받으면서 광선 컬러테라피(light theraphy)가 새로운 힐링 프로그램으로 떠오르고 있다.

광선 컬러테라피는 빛의 부족으로 인해 생기는 다양한 질병과 현상을 치료하기 위해 밝은 빛에 노출시키는 방법이다. 빛이 부족하면 생체리듬의 이상으로 인해 폭식증, 우울증, 비만, 성기능장애, 생리전증후군, 수면장애, 식이장애 등이 나타날 수 있기 때문이다.

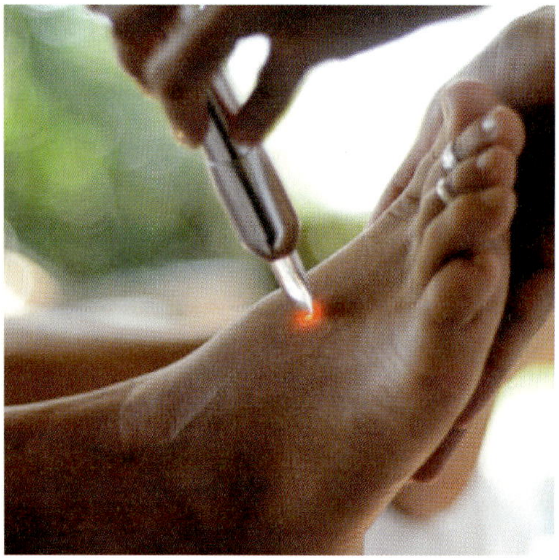

컬러펑쳐시술

컬러광선은 각 색채가 가진 특유의 파장을 신체에 직접 쪼임으로써 신체에 효과를 가져올 수 있다는 믿음에서 나온 치료법이다. 광선 색채에 따른 특성을 활용하여 인공광선을 몸에 비춤으로써 파괴된 생체 리듬을 회복시키는 원리이다. 색을 보는 것보다 광선을 쪼이거나색 조명 아래에 있는 것이 더욱 효과적이고 어두운 곳에서 해당하는 광선을 쪼인다. 한 가지 색도 일정한 시간이 지나면 다른 효과를 유발할 수 있다. 어떤 색에 과도하게 노출되었을 경우에는 보색으로 바로 잡는다.

미국의 저명한 신경외과 의사 노먼쉴리(Norman Shealy)는 색깔 있는 광선을 이용해 통증과 우울증을 치료하고 있다. 그는 광선의 자극이 신경 화학적 분비에 영향을 미친다고 했다. 뇌가 각각 다른 빈도의 광선과 색깔에 서로 다른 특수한 반응을 일으키는 것이다. 황달을 치료할 때 푸른 빛을 사용하고 자외선의 방부제 성분은 수술실에서 공기 정화에 사용된다. 백색광인 태양빛은 뼈 질환과 구루병을 예방한다.

에소제틱 컬러펑쳐(Esogetic Colorpuncture)는 동양의 침술학에 기초를 둔 서양 대체의학으로서 독일의 피터 만델(Peter Mandel)박사가 창시했으며, 인체의 경락 및 침점 등에 금속침 대신 7가지 차크라 컬러 빛을 투과시켜 건강을 개선하는 요법이다.

의학박사이면서 자연요법사인 독일의 피터 만델(Peter Mandel) 박사가 35년 전부터 개발한 에소제틱 컬러펑쳐(Esogetic Colorpuncture)는 서양의학과 중국의 한의학과 인도의 아유르베다 등의 동양의학을 접목시켜 빛의 컬러에너지를 한의학적인 침점에 비춤으로서 인체의 기능을 조절하고 향상시키는 자연요법이다.

침을 사용하는 대신 컬러침술은 색깔을 가진 빛을 사용하여 특수하게 제작된 작은 렌즈를 통해서 인체의 침점에 투과시킨다. 각 색깔 마다의 다양한 파장에 따른 정보들은 인체 피부의 빛 리셉터들을 경유해서 인체 내부로 전달된다. 이 컬러 빛은 인체의 면역 시스템을 자극시키고, 해독 및 내분비 시스템을 자극하여 치유력을 높인다.

이러한 컬러침술은 다양한 컬러를 이용해 사람의 심리적, 정신적 교감을 일으키고 특정 질병을 치료하거나 심리적, 육체적 긴장 해소에 도움이 된다. 특히, 소화력의 문제, 불면증 및 월경불균형 등에 효과적이다. 자신이 원하는 컬러를 선택해 빛을 쬐면서 몸과 마음을 힐링 할 수 있다.

2) 오라소마 컬러테라피

오라소마 컬러테라피란 새로운 컬러심리 요법 중 하나로, 컬러로 인간의 마음을 치료하기도 하고 심리 상태를 반영하기도 하는 컬러 테스트이다. 제2차 세계대전 무렵에는 마음에 상처를 입은 많은 사람들에게 이 컬러 심리요법이 이용되었다. 컬러가 정신과 육체에 다양한 에너지를 준다는 것은 이미 알려진 사실이다. 오라소마는 고대 중국, 이집트, 그리스에서 질병치유로 사용해온 요법으로 영적, 정신적, 육체적, 감성적 밸런스를 맞추기 위해 에너지를 필요로 하는 색들을 주관적으로 선택해서 치유에 적용한다.

오라소마의 어원을 보면 오라(Aura)는 고대 라틴어로 빛, 소마(Soma)는 신체, 또는 존재라는 뜻으로 즉 오라소마는 빛으로 된 몸, 빛으로 된 존재를 의미한다.

오라소마 컬러테라피는 1980년대 초 영국의 비키 월 여사에 의해 창시되었다. 비키 월이 화장수를 조제하고 있을 때 보틀의 화장수가 상처나 병이 가벼워지는 치유 효과를 알게 되었다. 그 후 사람들의 데이터를 축척하고 심리적학적으로 정리하여 많은 컬러 보틀로부터 자신이 필요로 하는 컬러 보틀을 선택할 때 선택한 컬러보틀이 그 사람의 몸과 마음을 비추고 있다는 것을 알았다. 현재는 비키 월의 계승으로 마이크 부스에 의해 현시대에 맞는 새로운 보틀이 만들어지고 있다. 현재의 보틀은 114로 지금도 보틀은 계속 증가하고 있다. 오라소마 컬러테라피는 컬러가 가진 고유한 에너지를 이용해 현재의 심리를 알아보고 자신의 성격과 건강 그리고 일상생활의 활력과 변화를 가져다주는 컬러테라피이다. 선택한 빛깔을 통해 자신의 내면을 이해하고 심신의 조화와 균형을 회복하고 스스로 치유할 수 있는 원동력을 얻을 수 있도록 하는 것이 오라소마 컬러테라피의 궁극적인 목적이다.

(1) 오라소마 컬러테라피 테스트

한 보틀 안에 각기 다른 2가지 색이 들어있는 114개의 오라소마 보틀 중에서 원하는 보틀 4개를 순서대로 선택하는 것이다.

① 첫 번째 선택한 보틀

자신도 눈치채지 못하고 있는 잠재적인 당신의 모습을 나타내는 자신의 본질이나 태어난 소명을 뜻한다.

② 두 번째 선택한 보틀

자신이 그동안 겪었던 어려움들이나 받았던 사랑 등이 어떻게 해서 이루어졌는지 당신의 과거를 나타낸다.

③ 세 번째 선택한 보틀

현재 자신의 삶에서 실현시키고 있는 현재의 모습과 희망과 꿈을 나타낸다.

④ 네 번째 선택한 보틀

당신의 미래를 나타낸다. 앞으로의 삶을 살아가는 지혜와 에너지를 전달해 주는 역할을 한다.

(2) 오라소마 컬러테라피 테스트 결과

RED(빨강색)	YELLOW(노란색)	ORANGE(오렌지색)

첫 번째로 이 색을 선택	**첫 번째로 이 색을 선택**	**첫 번째로 이 색을 선택**
활력이 넘치고 독창성이 뛰어난 사람이다. 남에게 지기 싫어하는 성격으로 가끔은 반항적일 때도 있으나 일단 결심을 하면 어떤 장애도 뛰어넘을 수 있는 활력이 넘친다. 독창성도 뛰어나 평범한 것을 싫어하는 경향이 있다.	소극적이지만 정신력이 강하고 실행력이 있는 사람이다. 침착하고 소극적이며 매우 온화하지만 가슴 속에는 커다란 용기와 실행력을 간직하고 있는 사람이다. 평소에는 소극적이지만 필요할 때는 놀라울 정도의 힘을 발휘할 것이다. 대단한 노력가이기도 하다.	당신은 책임감이 매우 강하고 성실한 사람이다. 작은 일이라도 결코 소홀히 하지 않고 주어진 일을 끝까지 완수할 수 있는 실력도 갖추고 있다. 상식이 풍부하며 싹싹함과 쾌활함도 겸비한 사람이다.
두 번째로 이 색을 선택	**두 번째로 이 색을 선택**	**두 번째로 이 색을 선택**
지나치게 계산이 빠른 것이 오히려 역효과. 당신은 지금까지 자신의 재능이나 매력을 충분히 발휘하지 못했을 것이다. 그 원인은 당신의 건방진 태도와 지나치게 현실주의적인 사고방식에서 찾을 수 있다. 당장 눈앞에 보이는 것만 생각하거나 대인관계를 지나치게 손익 관계로 생각하나가 당신을 사랑해 주는 사람까지 잃은 적도 있을 것이다.	무슨 일이든 지나치게 깊이 생각하다가 손해를 본 적이 있다. 과거 당신의 장애요인의 대부분은 지나치게 깊이 생각하거나 지나치게 고민을 많이 한데서 찾을 수 있다. 쓸데없는 소문을 믿고 남을 의심하거나 정신적인 혼란에 빠졌던 일도 있었을 것이다. 또한 냉정히지 못하여 손해를 본 적도 많을 것이다.	지나치게 강한 의타심이 성장의 방해 요소이다. 과거 장애요인으로는 남에게 지나치게 의지한 점을 들 수 있다. 판단이나 아이디어는 훌륭했지만 자신을 갖지 못하고 남에게 의존하거나 또는 상대의 반응에만 지나치게 신경을 쓰다가 실패했을 가능성이 있다.
세 번째로 이 색을 선택	**세 번째로 이 색을 선택**	**세 번째로 이 색을 선택**
골치 아픈 일에도 의욕적으로 임한다. 매우 활동적이고 활력이 넘친다. 지금까지 잘 해내지 못했던 일에도 의욕적으로 임한다. 단, 지나치게 정열적인 것이 문제. 특히 연애를 할땐 앞뒤를 가리지 않고 돌진하는 경향이 있다. 현재 위험한 사랑에 빠져 있는 사람도 있을 것이다.	인기 만점인 시기. 약간의 어려움은 극복할 수 있다. 지금의 당신은 현명하게 생각하여 좋은 결과를 가져올 수 있는 상태이다. 조금 피곤하거나 고민이 있어도 신경 쓰지 않고 밝게 행동하기 때문에 그 명랑한 모습이 남성과 여성 모두에게 호감을 주어 인기도 만점이다.	합리적인 사고로 매사를 원활하게 처리한다. 지금 상당히 냉정하게 사물을 파악할 수 있는 상태이다. 또 합리적인 사고를 하는 경향도 있다. 자신의 욕망을 컨트롤하여 모든 일이 원활하게 진행하도록 잘 조정할 수 있다.
네 번째로 이 색을 선택	**네 번째로 이 색을 선택**	**네 번째로 이 색을 선택**
이제까지보다 훨씬 더 사교적이 된다. 무슨 일에든 의욕이 넘쳐 적극적으로 살아갈 것이다. 새로운 일에 자꾸 도전해 보기도 하고 사교성도 높아질 것이다. 남들이 꺼려하는 일에도 적극적으로 도전함으로써 더욱더 자신의 지위를 높여갈 수 있다.	트러블 회피 능력이 있으며 적응 능력도 뛰어나다. 어디에 있든 나름대로의 적응력으로 자신의 개성을 발휘할 수 있다. 무슨 일이든 어느 정도의 수준까지는 발전시킬 수 있는 능력이 있으며 트러블을 해소하는 방법도 잘 개발해 갈 수 있을 것이다.	대인관계와 업무 관계에서 변덕을 부린다. 그날그날의 기분이나 컨디션의 영향을 받기 쉬워진다. 대인관계에서도 지금보다 좋고 싫은 것을 분명히 하는 것이 좋다.

GREEN(녹색)	BLUE(파랑색)	PURPLE(자주색)

첫 번째로 이 색을 선택	**첫 번째로 이 색을 선택**	**첫 번째로 이 색을 선택**
매우 신중하며 매사를 이성적으로 판단하는 사람이다. 그리고 필요할 때는 놀라울 정도의 행동력을 보여줄 수 있는 사람이다. 시원시원한 면도 있으며, 주위의 신임이 두텁고 리더 기질도 충분히 가지고 있다.	남에게는 차가운 인상을 줄지도 모르지만, 사실은 현모양처형 여성으로 부드러운 모습을 지니고 있다. 또 의외로 외로움을 타기 때문에 혼자 있지 못하는 사람이다.	상당히 개성적인 매력의 소유자다. 밝고 활발한 면과 쉽게 빠질 수 있는 양면성을 지니고 있다. 조금 변덕스러운 성향도 있으므로 기분에 따라 제멋대로 행동할 때도 있다.
두 번째로 이 색을 선택	**두 번째로 이 색을 선택**	**두 번째로 이 색을 선택**
과거의 장애 요인은 자신을 주장하는 것이 서툰데서 찾을 수 있다. 그 때문에 당신의 행동을 비난하거나 질시하는 사람도 있었을 것이다. 자신도 주위 사람을 이해 하고자 하는 마음이 좀 부족하다.	지나치게 남의 일에 앞장선 것이 오히려 손해를 봤을 것이다. 누구에게나 호감을 사고 싶어하며 너무 많은 일에 손을 댔을 것이다. 자신이 감당할 수 없는 일까지 무턱대고 떠맡았다가 신용을 잃는 결과를 가져왔을 것이다.	정신과 육체의 불균형이 과거 당신의 장애 요인이었다. 자신은 열심히 하려고 해도 몸이 빨리 피곤해져 마음대로 움직일 수 없게 되거나 또는 자고 싶은데 도저히 잠을 이룰 수 없었던 적도 있을 것이다.
세 번째로 이 색을 선택	**세 번째로 이 색을 선택**	**세 번째로 이 색을 선택**
현재 무리하지 않고 무슨 일이든 적당히 하고자 하는 마음이 강하다. 무슨 일이든 평균 수준에 도달하면 만족하고 매사에 지나치게 집착하지 않는다. 불가능하다고 생각하는 일은 깨끗이 포기한다.	지금은 어떤 일에 대해서든 의욕이 생기지 않는 무기력 상태인 듯하다. 가령 눈앞에 기회가 찾아와도 놓쳐 버릴 가능성이 크다. 또한 남과 다투거나 무리를 해서까지 많은 것을 바라지는 않는다는 마음이 강하다.	굳건하게 마음을 닫아걸고 있는 시기이다. 평소 같으면 아무렇지 않게 넘겨 버렸을 일도 자꾸만 걱정을 하고 연연해한다. 자신이 틀렸다는 것을 알면서도 솔직하게 인정하지 못한다.
네 번째로 이 색을 선택	**네 번째로 이 색을 선택**	**네 번째로 이 색을 선택**
지나치게 침착하면 운을 놓칠 수도 있다. 성실하고 신중하게 자기 방식대로 행동하고자 하는 마음이 강해질 것이다. 단, 지나치게 신중을 기하다가 눈앞의 기회를 놓쳐 버리거나 하찮은 일에 빠져드는 일도 있을 듯하다. 낙천적인 마음을 갖게 된다.	지금까지 자신을 모두 잊고 전혀 다른 모습의 자신을 발견하고자 노력하게 될 것이다. 주위 사람에게 '사람이 변했다'는 인상을 줄 수도 있다. 종교에 마음을 빼앗기거나 또는 그림이나 음악 등 예술에 몰두하게 되는 사람도 있을 듯하다.	신비한 것에 마음을 빼앗기거나 또는 신비한 체험을 하게 될 것이다. 상상력, 독창성도 향상 될 것이다. 또한 잔다르크처럼 남을 위해 봉사하거나, 어려운 사람들에게 도움을 주게 될 가능성도 있다.

(3) 오라소마 컬러테라피의 효과

① 자신의 마음 상태와 흐름을 파악하여 자신을 변화시킨다.
② 자신 안의 숨겨진 재능과 잠재력을 알게 되어 자기를 재발견하게 된다.
③ 자신의 빛깔에 대한 이해를 통하여, 자신이 이해되고, 자신의 모습, 자신의 길, 자신의 힘을 알게 된다.
④ 마음속에 있는 오래된 고민을 풀어나가고, 괴로움을 덜어가게 된다.
⑤ 인간관계나 일에서의 어려움들을 스스로의 힘으로 개선해 나가게 된다.
⑥ 자신 안의 다채로운 칼라들로 치유와 함께 삶에 풍요로움을 느끼게 된다.
⑦ 빛깔이 전하는 메시지를 통해 자신의 영적, 정신적, 감정적, 에너지적 특성 등의 내면을 인식한다.

3) 차크라 컬러테라피

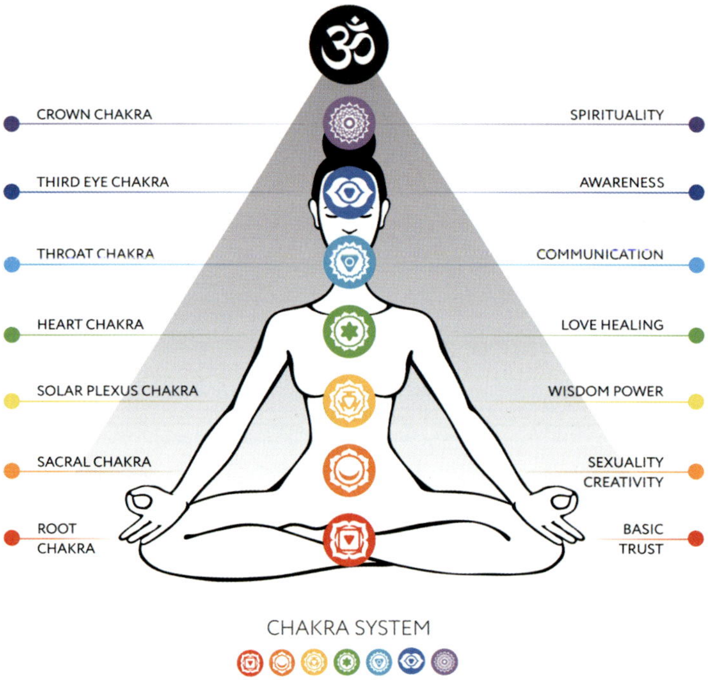

차크라는 산스크리트로 바퀴, 또는 원형의 의미를 지니고 있다. 우리 몸의 모든 것은 둥근 형상이며, 지속적으로 움직이고 있기 때문에 이 운동의 중심센터들을 가리켜 차크라라고 부른다. 인간의 몸속에는 약 7개의 주요 차크라가 존재한다고 알려져 있다. 각 차크라는 고유한 위치, 상징, 소리, 색깔을 갖고 있으며, 그 특유의 신체적, 심리적 특징을 갖고 있다. 챠크라는 미묘한 에너지로 각각의 고유한 진동수를 가지고 그에 대응하는 신체 기관이나 심리적 상태와 상호작용을 하고 있다. 인간은 미묘한 몸(에테르, 마음, 영혼)을 가지고 있는데, 그것은 우리의 물리적인 몸인 육체로 퍼져나가 둘러싸고 있다고 한다. 삶의 에너지는 이 미묘한 몸을 통해서 흐르는데, 이 에너지를 '쿤달리니'라고 하며 쿤달리니는 척추의 가장 아래쪽에서 수면을 취하고 있다.

일곱 차크라는 고유한 진동음을 가지고 일곱 개의 기본 음계(도레미파솔라시)와 각각 공명하는데, 소리 파동이 인체의 고유한 진동과 조화를 이루게 되면 심신 상에 긍정적인 영향을 미치게 된다. 각 차크라를 상징하는 기하학적 도형 즉 얀트라에 집중하는 명상방법과 각 챠크라 단계별 고유 색깔인 빨주노초파남보, 일곱 가시 시각적 집중 대싱을 횔용힌 차크리 명상법이 널리 사용된다.

컬러 차크라 명상법은 컬러가 특정한 진동을 통해서 신체에 영향을 미친다는 이론을 전제로 고안되었다. 즉 차크라의 고유한 에너지를 잘 방출할 수 있다면 이와 상호작용하는 몸과 마음이 건강하게 기능하고 나아가 영적으로 원활하게 할 수 있다는 의미이다, 심리적인 장애는 차크라의 고유한 에너지가 원활하게 흐르지 못할 때 일어난다.

인간의 내적인 관계 속에서 제대로 소화되지 않고 조절되지 않은 정서는 이에 대응하는 차크라의 에너지의 흐름을 막는다. 이러한 에너지는 음과 양으로 나타나는데 양적인 반응의 경우 에너지의 막힘을 돌파하는 과정에서 강한 형태로 나타나 부정적인 정서나 지나친 결핍상태로 나타난다. 반대로 음의 반응은 에너지를 억제하여 에너지의 흐름을 정지시킬 수 있다. 그 결과 그 차크라가 역해지고 그곳으로 에너지 공급이 불충분하여 심리적 장애를 일으킬 수 있다. 이러한 차크라의 막힘을 요가자세, 호흡법, 소리의 진동, 명상 등의 방법으로 장애를 효과적으로 치료할 수 있다.

차크라 컬러테라피는 1차크라부터 7차크라까지 나눠어 모든 관리를 시작하시기 전에 차크라 관리를 통해 심신의 안정과 에너지 밸런스를 맞주는 컬러테라피이다.

다음은 7차크라의 컬러와 관련 신체부위에 대한 특징이다.

(1) 7차크라와 신체부위

① 1 차크라 : 물라다라 (Muladhara), RED

생명력의 센터로 척추의 기저부에 위치, 회음부, 하반신, 부신, 꼬리뼈 땅, 순수의식의 바탕, 생존본능

이곳은 우리의 생존과 물질적인 측면과 관계가 있는 곳으로 원초적인 생명력의 센터이다. 인간의 생식 능력에 영향을 주기 때문에 신체적으로는 발끝에서 치골 아래의 영역, 척추와 신장을 컨트롤 한다.

그것은 한 인간으로서 땅에 발을 내딛고, 힘차게 살아가는 것을 상징한다. 물라다라 차크라가 건강

한 사람은 삶에 대한 강한 의지와 활력이 넘친다. 1차크라가 불균형할 경우, 활력과 생기가 없으며 사람들 속에서도 눈에 잘 띄지 않으며 현실감각이 떨어진다. 그래서 육체 활동을 피하게 되고 경제적, 육체적으로 생존의 어려움에 봉착하거나 삶에 대한 의욕이 떨어지고, 정열이 분노로 바뀌고 성적 감각이 떨어진다. 육체적 증상으로는 좌골신경통, 다리 통증, 뼈가 시린 증상, 골다공증, 정맥류, 직장종양, 암, 우울증, 면역체계 이상, 만성요통이 생긴다.

② 2 차크라 : 스와디스타나 (Svadhistana), **ORANGE**

감정의 센터로 배꼽 아래의 아랫배, 단전 부근에 위치, 물, 무의식의 의식화, 성기관, 면역체계

이곳은 자신의 모든 경험과 경향성이 저장되어 있는 자리이다. 주황색은 삶의 자극과 설렘, 흥미진진함의 가슴 떨리는 삶을 추구하며 창조적이다. 신체적으로 이곳은 비장과 소장, 대장의 작용을 컨트롤한다. 2차크라가 불균형할 경우에는 감정적으로 혼란을 겪거나 타인에게 의존 혹은 집착하는 경향을 띠게 되고 불면증, 영적능력들, 식욕의 상실을 느끼게 된다. 육체적 증상으로는 전립선의 질환, 난소암, 허리와 엉덩이의 만성 통증, 생리통, 남녀 생식기 질환, 소변 질환 등이 생긴다. 이 모든 것이 안정되면 우주적인 사랑과 강한 기쁨, 자기실현의 비전을 갖게 된다. 심리적으로는 성적 충동, 관능적 느낌, 감각적 쾌락에 대한 집중과 관련된다.

③ 3 차크라 : 마니푸라 (Manipura), **YELLOW**

힘(Power)의 센터로 배꼽 위, 태양신경총에 위치, 위장, 비장, 간 췌장, 신장, 열기, 활력과 생명력, 불, 자신감, 용기

이곳은 소화와 체온조절 기능을 통제하는 태양신경총과 연결되어 있다. 불과 관련이 있어 역동적인 의지. 에너지 행동을 나타낸다. 마니푸라의 주된 에너지는 자기 존중의 힘으로 자존심, 자율, 야심, 행동력, 위기 조절 능력, 위험에 직면하는 용기, 강인한 성격과 관련된다. 신체적으로는 위와 간의 작용을 컨트롤한다. 3차크라가 불균형할 경우에는 정서적으로 항상 불안하고 사람을 의심하거나, 정신적으로 강한 두려움을 내포하고 있기 때문에 자신의 능력을 제대로 사용하지 못한다. 자신의 정신적 능력을 믿지 못해 상황이 자기 뜻대로 돌아가지 않으면 병이 되기도 한다. 육체적 증상으로는 급 만성소화 불량, 위나 십이지장 궤양, 췌장염이나 당뇨, 식욕부진이나 항진, 간 기능 장애 등이 생긴다.

④ 4 차크라 : 아나하타 (Anahata), **GREEN**

마음(HEART)의 센터로 가슴의 중심에 위치. 심장신경총, 가슴, 심장부위, 순환계

이곳은 생리학적으로 심장 신경총과 연결되어 있다. 이 차크라의 주된 에너지는 사랑의 힘이며 인

간에너지 체계의 무게 중심으로 보고 있다. 1, 2, 3 차크라는 외부로부터 우주의 에너지를 받아 신체에 축적하는 것에 반해, 4차크라는 축적된 에너지를 외부로 투사하는 첫단계이다. 창조적인 능력, 무조건적인 사랑과 자비, 그리고 운명을 극복할 수 있는 능력을 얻게 된다고 알려져 있다. 영혼으로부터의 사랑을 느끼며, 다양한 사람들과 다양한 현실들을 수용하는 공간이다. 신체적으로는 심장과 폐를 컨트롤한다. 4차크라가 불균형할 경우에는 가슴이 답답해지고 상대를 부정하거나 혹은 무엇을 해야 할지 몰라 헤매는 상태가 된다. 그 경우 항상 모든 것을 포용하는 넓은 마음과 함께 자신은 자신만의 진실을 찾아가는 지혜가 필요하다. 육체적 증상으로는 고혈압, 저혈압 등의 혈액순환의 문제, 부정맥, 심장 불안, 가슴 답답함, 협심증, 심근경색, 심장마비. 폐암이나 기관지 폐결핵 폐염 천식. 어깨가 아프고 흉추가 아픈 현상이 생긴다.

⑤ 5 차크라 : 비슈디 (Vishuddhi)**, BLUE**

커뮤니케이션의 센터로 목에 위치, 목, 허파 귀, 후두 및 인두 신경총

이곳은 내면으로부터의 영감과 느낌을 외부로 표현하는 곳으로 창조성, 수용성, 신뢰감, 자연스럽고 편안한 유대감과 관련이 있다. 심리적으로 창조적이며, 집중력을 키워주고 침착하며 긍정적인 생각을 갖게 한다. 신체적으로는 목과 갑상선, 면역 기능과 관련이 있어 이곳이 건강하면 질병으로부터 자유로워지고 청순한 젊음을 유지할 뿐 아니라 피부의 컬러를 유지시켜준다. 5차크라가 불균형할 경우에는 고정관념을 갖고 있어 변하려 하지 않고 전통에 집착하여 타인과 의사소통이 잘 안 된다. 그럴 때에는 고요하게 마음을 가라앉히고 자신의 내면의 소리에 귀를 기울일 필요가 있다. 육체적 증상으로는 갑상선이나 후두 혹은 폐, 기관지, 천식 등이 생긴다.

⑥ 6 차크라 : 아즈나 (Ajna)**, ROYAL BLUE**

제 3의 눈이라 일컬어지는 직관의 센터로 미간에 위치, 이마중앙, 골수 신경총

이곳은 오감과 직감의 기능을 관장한다. 그러므로, 현상을 객관적으로 바라보고 육안이 아닌 직관으로 보는 능력과 관련이 있어 실재를 인식할 수 있는 통찰력을 준다. 때문에 이곳을 활성화하면 초감각적 능력이 개발된다. 남색은 외부적인 문제보다 내면의 문제를 꿰뚫어 보고 있으며 항상 생각이 많고 신중한 에너지이다. 혈액을 정화시키고 마음을 열고 공포와 속박으로부터 해방시키는데 도움이 된다. 영적 잠재 능력을 발휘할 수 있도록 하며 고도의 집중력을 이끌어 내는데 도움을 준다. 6차크라가 불균형할 경우에는 항상 근심에 빠진 상태로 눈앞의 현실을 도외시하거나 실천력이 부족하다. 극도로 내성적이 되거나 표현이 어려우며 극단적으로 낙담하는 부작용도 있다. 육체적 증상으로는 눈과 귀, 코, 즉 얼굴에 생기는 질병과 폐 질환 천식 및 소화불량이 생긴다.

⑦ **7 차크라 : 사하스라라** (Sahasrara), **VIOLET**

진정한 영성의 센터이며 정수리 백회에 위치, 뇌 신경총 챠크라, 정수리, 두뇌 왼쪽, 눈

이곳은 인간 의식의 시작이자 완성의 자리이며, 인간이 궁극적으로 도달할 수 있는 마지막이다. 현실적인 것보다 신비적인 것에 관심이 많고 믿음이 강하다. 자신만의 이상적인 세계가 있으며 귀족적인 에너지이다. 인간의 의식을 각성시키는 우주의식의 색이다. 몸을 가볍게 하며 지각의 문을 열어준다. 일상생활의 스트레스 치유와 노이로제 신경증 치유에도 효과적이다. 7차크라가 불균형할 경우 자신에 대해 부정적이며 비판적이게 되고 세상에 대한 극단적인 도피나 우울증, 죽고 싶은 충동 등으로 표현된다. 또한 뇌하수체 호르몬 기능 저하로 인한 건망증과 참을성 부족 등의 증상이 있다. 인기가 있거나 필요한 존재가 되고 싶어 하기 때문에 무관심, 두려움, 고뇌로 고통을 받는다. 육체적 증상으로는 류머티즘, 뇌진탕, 간질, 뇌종양, 뇌척수막염, 신장 및 방광 질환, 신경과민 등이생긴다.

4) 수정 컬러테라피

고대 이집트인, 그리스 로마인, 중국, 인도, 티벳 등에서도 각각의 돌과 보석의 종류에 따라 독특한 색깔, 모양, 결등의 고유한 파장과 진동수에 따라 전기적 또는 자기적 방사선 형태의 에너지가 인체에 미치는 영향을 과학적으로 치료에 응용한 것이 수정 컬러테라피이다.

실리콘 다이옥사이트로 구성되어 있는 투명한 석영은 피에조 전기라고 알려진 에너지를 발산하는데 그것은 수정 한쪽 끝을 자극하면 다른 쪽 끝으로 전기가 전해지는 것을 말한다.

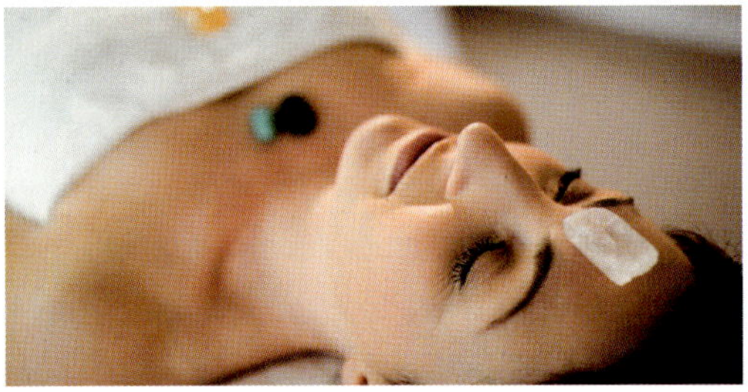

그것은 에너지를 전하는 수정의 특성을 치료의 목적으로 사용할 수 있게 하는 것이다. 수정은 음향과 색채진동을 반사한다. 수정이 지닌 힐링 파워는 수정의 빛깔, 컬러, 파장의 성질과 관련 있다. 광석이 몸에 부착될 때 나타나는 전자기적 에너지는 직접적으로 차크라와 오라의 막힘 상태를 치유하고 질병을 예방한다. 수정은 사고와 감정에 반응하고 공간속에서 진동한다.

① 레드수정인 루비와 산호, 로즈석영은 피를 맑게 하고 감정적인 힐링에 효과적이다. 월경기에 호르몬 분비를 안정시킨다.

② 오렌지 수정인 홍옥은 낙관적인 사고와 마음을 즐겁게 해 준다.

③ 옐로우 수정인 황수정과 황옥은 불안감을 해소, 정신을 맑게 하고 불면증을 해소시킨다.

④ 그린 수정인 에메랄드와 비취는 감정을 진정시키고 사고력을 증진시킨다. 에메랄드는 사랑을 깊고 활력 있게 해주기 때문에 우주적인 사랑이라 하며 자연의 힘과 조화를 이루고 평화와 통합을 가져다준다. 신장과 방광, 안과 질환에 효과적이다.

⑤ 블루 수정인 사파이어와 터키석은 의사소통의 능력을 증가시키고 면역계통을 강화하여 스트레스 해소에 도움이 된다. 안질, 충혈되거나 피로한 눈, 시력, 통풍, 류마티즘, 관절통, 집중력, 공포증에 도움이 된다.

⑥ 인디고 블루인 자수정은 행운을 가져다주는 보석으로 두통과 불면증을 해소시켜 준다. 자수정은 따뜻한 공기가 적절하게 피부에 스며들기 때문에 마사지 마무리 단계에서 얼굴의 얼룩이 있는 부위에 문지르면 효과적이다. 또, 자수정을 담근 물로 세안을 하면 붓거나 멍든 피부, 피부색소 침착, 피부 트러블을 완화시키는데 효과적이다.

⑦ 바이올렛 수정인 자석영은 마음의 정화와 두통과 불면증을 해소시킨다. 이와 같은 컬러 수정을 이용한 수정 컬러테라피의 힐링 효과는 내적인 에너지의 조화를 유지하고 신체 세포를 재생시키며 오라의 균형을 이루는 다양한 힐링 파장을 발생시키는 것으로 알려져 있다.

5) 푸드 컬러테라피

최근에는 식품이 가지고 있는 색소의 효능이 알려지면서, 컬러 푸드가 주목을 받고 있다. 건강한 삶을 유지하기 위해 건강에 대한 관심이 늘고 있는 요즘 컬러 푸드 테라피에 대한 인식도 변화하고 있다. 음식에서도 컬러테라피의 흔적을 찾을 수 있다. 비빔밥, 떡국 등에 올려놓은 오색고명과 다양한 색깔을 자랑하는 구절판도 그렇다. 선조들은 이미 컬러의 효능을 인지하고 있었던 것이다. 우리 조상들은 '오방색(五方色)'을 활용해 컬러테라피를 완성했다. 검정, 하양, 빨강, 파랑, 주황 등 다섯 가지 색으로 구성된 오방색과 오행에 근간을 둔다.

컬러는 우리 인체를 구성하고 있는 장기들과 밀접한 연관이 있다. 의학이 발달하지 못했던 과거, 우리의 선조들은 오방색을 통해 건강과 마음을 나타냈다. UCLA의대의 데이빗 히버(David Hever)교수는 가시광선을 흡수해서 만들어진 식물의 색깔을 식물성 생리 활성영양소(Phytonutrient)라고 명명하고 이들 물질이 인체의 DNA를 손상시키는 활성산소의 전자를 흡수해 산소 손상으로부터 인체를 보호한다는 사실을 밝혔다. 식물의 서로 다른 색깔은 각각 인체에 서로 다른 영향을 끼치기 때문에 다채로운 무지개 컬러를 식사하는 것이 세포 안의 유전자를 보호하고 최적화시킨다고 했다. 많은 음식들은 자신이 지닌 색깔마다 각 특징을 갖고 상호 작용을 하고 있다.

(1) 컬러 푸드의 효능

① 레드 푸드

레드 푸드는 활력을 북돋우고 피로를 해소한다. 붉은색을 내는 리코펜과 안토시아닌은 유해 산소와 독소를 제거하는 역할을 통해 면역력 강화와 혈관을 튼튼하게 만들고, 비타민 E의 두 배 정도 높은 항산화효과가 있다. 빨간색 채소, 과일에는 피를 맑게 하고 식욕을 돋우는 작용을 하며, 심장의 기운을 돋는 성분이 다량 함유되어 있어 심장병, 고혈압, 동맥경화에도 탁월한 효과가 있다. 또한 안토시안은 암이나 동맥경화 예방에 효과적이고, 토코페롤이 함유되어 노화방지 효과가 탁월하다. 레드 푸드의 대표적인 것으로 토마토, 사과, 오미자, 붉은 고추, 딸기, 체리, 석류 등이 있다.

② 오렌지 푸드

오렌지 컬러 푸드에는 알파카로틴과 베타카로틴이 풍부하며, 크립토잔틴 등의 성분이 들어있다.

베타카로틴은 몸의 면역력을 높여주며, 간의 세포회복을 돕고 간염에도 효과가 있다. 카로틴 성분은 폐 속에 쌓여있는 유해물질과 니코틴을 몸 밖으로 배출시켜주는 효과가 있다. 제아잔틴은 자외선에 노출된 피부의 회복, 눈의 망막을 보호하고 백내장을 예방하며 눈의 피로를 방지하는데 효과적이다. 오렌지 컬러 푸드는 당근, 오렌지, 주황파프리카, 귤, 망고, 연어, 호박, 고구마, 감 등이 있다.

③ 옐로우 푸드

옐로우 푸드는 루테인, 카로티노이드, 베타카로틴이 주요 성분이다. 카로티노이드는 세포노화 및 질병 확산을 예방하고 면역기능을 향상시켜 시력보호, 노화방지, 심혈관 질환예방, 항암효과가 있다. 또한 옐로우 푸드는 모세혈관의 벽을 보강하고 혈액순환 개선에 도움을 준다. 베타카로틴은 생으로 먹을 경우 흡수율이 8%에 불과하지만, 기름에 조리하면 60~70% 높아지기 때문에 기름에 볶아서 섭취하는 것이 좋다. 바나나의 클로로겐산은 활상 산소를 제거해 노화를 방지하고, 체내의 발암성 물질 생성을 억제시키는 효과가 있고, 타닌성분은 설사나 변비 예방에도 효과적이다. 카레의 커큐민은 항암 효과가 있는 성분으로 뇌졸중, 치매에 도움을 주며 암세포를 죽인다. 옥수수의 루테인은 주황색 푸드의 제아잔틴과 함께 백내장 등 노화로 인한 시력 저하와 눈의 조직에 영향을 준다. 또 강한 항산화 작용으로 암 예방, 간기능 향상에 효과적이다. 옐로우 푸드의 대표적인 것으로 카레, 바나나, 옥수수, 호박, 고구마, 레몬, 유자, 골드키위, 국화꽃 등이 있다.

④ 그린푸드

그린 푸드는 시각적인 안정을 주고 신경과 근육의 긴장까지 완화시켜 주므로 성격이 급하거나, 스트레스를 많이 받는 사람들이 많이 섭취하면 좋다. 신선한 과일과 야채에 들어있는 풍부한 엽록소는 피로를 풀어주고, 신체의 면역력을 높여 세포재생을 돕기 때문에 노화 예방에도 효과가 있다. 초록색 채소에 들어 있는 클로로필 성분이 조혈작용과 세포 재생 능력이 뛰어나 빈혈 예방에 좋으며, 병원균 발생을 억제하고 자연 치유력을 높여준다. 간세포 재생, 콜레스테롤 조절, 암 예방, 혈관과 위장을 깨끗하게 하는 탁월한 효능이 있다. 특히, 체내의 중금속 같은 유해물질을 흡착해서 체외로 배출하는 디톡스 효과가 있다. 항우울제는 초록색을 사용하는데, 약물 자체가 가진 효과 외에도 색깔이 환자의 감정 균형을 잡아줘 마음을 안정시키는 데 도움이 되기 때문이다. 그린푸드의 대표적인 것으로 각종 초록 야채, 키위, 녹차, 시금치, 브로콜리, 샐러리, 키위 매실 등이 있다.

⑤ 퍼플 푸드

퍼플 푸드는 폴리페놀 플라보노이드의 일종인 안토시아닌은 보라색 계통의 색소 성분으로 항산화 작용이 뛰어나다. 이 성분은 심장 질환과 뇌졸중 위험을 감소시키고, 혈액순환 개선에 도움을 준다. 또, 암세포 증식을 억제하는 폴리페놀 성분과 바이러스나 세균을 죽이는 화합물이 다량 함유되어 있다. 다른 컬러들과 달리 식욕을 감소시키는 효과가 있어 다이어트에 효과적이다. 퍼플 푸드의 플라보노이드는 혈관을 건강하게 만들며, 항암효과가 있다. 퍼플 푸드의 대표적인 것으로는 자색고구마, 가지, 포도, 블루베리, 검은콩, 검은깨, 김, 미역 등이 있다.

⑥ 블랙 푸드

블랙 푸드의 색소 성분에 안토시아닌이 함유되어 있어 항산화, 항암, 항궤양효과가 탁월하고 신장기능과 생식기 계통의 기능을 원활하게 도와준다. 또, 콜레스테롤 수치를 낮춰 심혈관 질환을 예방한다. 비타민 B군과 다양한 뮤기염류, 리놀산 등을 많이 함유하고 있어 탈모에도 도움이 된다. 블랙 푸드의 대표적인 것으로는 검은깨, 검은콩, 다시마, 김, 올리브, 흑미, 목이버섯, 미역, 칡, 오골계 등이 있다.

⑦ 화이트 푸드

흰색을 내는 색소에 들어 있는 안토크산틴, 플라보노이드 성분은 신체의 산화 방지를 도와 인체에 유해한 물질을 배출하고, 각종 바이러스에 대한 저항력을 길러준다. 대부분 햇빛을 받지 못해 광합성 작용이 이루어지지 않는 뿌리 채소들로 흙속에 묻혀 있는 대부분은 하얗고 독특한 향과 매운맛을 가지고 있는 것이 많다. 안토크산틴이 함유되어 있는 과일과 채소는 따뜻한 성질을 가지고 있어 체내 유해 물질의 배출을 돕고 바이러스에 대한 저항력을 길러주기 때문에 감기나 각종 호흡기 질환에 효과적이다. 마늘과 양파에 다량 함유되어 있는 알리신은 강력한 항암 작용을 하며, 혈중 콜레스테롤을 수치를 내려주어 고혈압과 동맥경화를 예방한다. 화이트푸드의 대표적인 것으로는 양파, 무, 마늘, 감자, 버섯, 양배추, 콩나물, 생강, 배, 도라지 등이 있다.

6) 한방 컬러테라피

한방에서도 전통적으로 컬러테라피의 개념이 사용되었는데 음양오행사상은 목(木), 화(火), 토(土), 금(金), 수(水)가 서로 어울어져 만물이 이루어졌다고 보는 것으로 음양오행설에 따라 각각의 약재를 각기 해당하는 장기의 치료에 사용했다. 신체 각 부위 역시 목에 해당하는 간에는 초록색, 화에 속하는 심장에는 붉은색, 토에 해당하는 위장에는 노란색, 금에 해당하는 폐, 대장에는 하얀색, 수에 해당하는 신장, 방관에는 검은색이다.

한약재를 처방 할 때에도 목(간과 담당)은 청(靑)을 나타내고 인진쑥, 청매, 지실 등 푸른 약재들이 해당된다. 화(심장, 소장)는 적(赤)을 나타내고 오미자, 붉은 대추, 구기자 등 붉고 둥근 것이 해당된다. 토(비장과 위)는 황(黃)을 나타내고 산약, 인삼, 황기, 백출 등이 해당된다. 수(심장과 방광)은 흑(黑)을 나타내고 숙지황, 오애, 흑두, 등이 해당된다.

목, 화, 토, 금, 수 각각의 방위에 컬러와 인체의 장기가 상호작용하고 있다. 한의학에서는 외부환경과 내부 장기를 오색으로 연관지어 색이 미치는 영향을 유기적으로 파악하기도 했다. 한의학에서 오행에 배속된 이론으로 생리, 병리, 진단부분에 응용되어 왔다.

컬러를 이용한 심리파악, 컬러를 통한 치료, 컬러 코디에 이르기까지 우리 삶 곳곳에서 컬러를 활용한 다양한 움직임이 일고 있지만, 컬러테라피는 과거 선조들의 삶에서도 엿볼 수 있다. 조상들은 나쁜 기운을 몰아내기 위해 신부에게 연지곤지를 발랐고 무병장수를 기원하며 명절날 어린 아이에게 색동저고리를 입혔다. 아들을 출산하면 부정을 막기 위해 문밖에 붉은색 고추를 달아놓기도 했다. 음식에서도 컬러테라피를 찾을 수 있다. 떡국과 비빔밥을 생각하면 오색고명을 떠올릴 수 있다. 쇠고기, 표고버섯, 숙주나물, 달걀, 당근, 오이 등 다양한 색깔을 자랑하는 구절판도 그렇다. 우리 조상들은 검정, 하양, 빨강, 파랑, 주황 등 오방색을 활용해 컬러테라피를 완성했다. 오행에 근간을 둔 컬러는 우리 인체를 구성하고 있는 장기들과 밀접한 연관이 있어, 의학이 발달하지 못했던 과거 선조들은 오방색을 통해 건강과 마음을 챙겼다.

중국의 가장 오래 된 의서(醫書)인 『황제내경(黃帝內經)』에서는 청색, 적색, 황색, 백색, 흑색의 다섯 가지 색깔이 신맛(酸味), 쓴맛(苦味), 단맛(甘味), 매운맛(辛味), 짠맛(鹹味)의 다섯 가지 맛과 그리고 간장, 심장, 비장, 폐장, 신장의 다섯 가지 장부의 기능과 각각 밀접한 연관을 가지고 있다. 음양오행의 색깔과 그 색의 음식의 관련성에 대한 유래는 바로 이, 황제내경에서 밝히는 음양오행의 색깔과 다섯 가지 음식의 맛, 그리고 오장육부와의 관계에서 유래되었다. 한의학에서는 질병을 치료하고 건강을 증진시키기 위해서는 약만큼이나 섭생, 어떤 음식을 어떻게 섭취하느냐는 문제도 중요하게 생각하고 있다는 것을 알 수 있다.

『황제내경(黃帝內經)』에 나와 있는 음양오행(陰陽五行)에 따른 오행의 성질과 치료에의 연관성을 정리해보면 다음과 같다.

구분	목	화	토	금	수
주관하는 장기	간, 담	심, 소장	비, 위장	폐, 대장	신, 방광
감정	두려움, 성냄	기쁨	욕심, 생각	슬픔, 우울함	근심, 걱정
오음	각	치	궁	상	우
맛	신맛	쓴맛	단맛	매운맛	짠맛
색	파란색	빨간색	노란색	흰색	검은색
방위	동	서	중앙	남	북
약재	인진쑥, 청매, 지실	오미자, 붉은대추, 구기자	감초, 하피	산약 인삼, 황기, 백출	숙지향 오매, 흑두

(1) 오행의 성질과 치료에의 연관성

① 청색

음양오행 중 목(木)에 해당하는 청색 식품은 간 세포 재생에 효과가 있어 건강한 간을 가질 수 있도록 도와주고 폐를 맑게 해주는 효능이 있다. 또한, 비타민과 섬유질, 철분 등이 마음을 안정시키고 기초 신진대사를 활발하게 해준다.

② 적색

음양오행 중 화(火)에 해당하는 적색 식품은 우리 몸 속의 청소부라고 불릴 정도로 수명력에 긍정적인 효과를 미친다. 항산화와 항노화 효과를 지닌 적색 식품은 여름철에 더욱 큰 효과를 볼 수 있다.

③ 황색

음양오행 중 토(土)에 해당하는 황색 식품은 우리 몸 속의 독소와 콜레스테롤을 제거해주는데 효과적이다. 또, 식이섬유가 풍부하여 배변활동을 원활하게 해준다. 세포가 늙고 질병이 퍼지는 것을 막고 바이러스에 대한 저항력을 키워 면역체계를 강화한다.

④ 백색

음양오행 중 금(金)에 해당하는 백색 식품 속에 포함되어 있는 '아리신'과 '무틴' 성분은 간장과 신장을 튼튼하게 해주고 소화를 촉진시켜준다. 또한, 백색 채소에 많이 들어있는 안토크산틴은 항균, 항암, 항바이러스, 항알레르기, 항염증 기능과 독소의 정화 및 해독 효과가 있다. 백색 식품은 단독으로 섭취해도 좋지만, 적색식품이나 청색식품 등 다른 색의 식품과 함께 섭취하면 효과가 배가 된다.

⑤ 흑색

음양오행 중 수(水)에 해당하는 흑색 식품은 조혈, 발육, 생식 등을 관장하는 신장 기능을 강화하는 효능이 있다. 셀레늄, 레시틴, 각종 비타민과 미네랄이 풍부하여 노화의 원인인 활성 산소를 중화시키는 항산화 효과도 있다.

B E A U T Y

M A S S A G E

T H E R A P Y

CHAPTER 7

임산부 마사지

CHAPTER 7

임산부 마사지

1. 임산부 마사지

1) 임산부의 관리의 필요성

산모란 임신한 여성과 수유 중인 여성을 말한다. 임산부의 대사 변화 중 가장 큰 변화는 체중 증가이다. 기혼 여성 비만의 원인 중 50% 이상이 임신과 출산으로 인한 비만이며 출산 후 폐경기 비만으로 이어진다는 연구결과가 있으며 임신 중 16~20주가 되면 입덧이 끝나고 식욕이 왕성해져서 급격한 체중 증가가 일어나며 부종과 손·발 저림, 튼살, 체형변형, 허리와 어깨 통증 등 임산부의 신체적 변화로 고통을 호소하기도 한다. 임신 초기 삼투압 저하로 순환장애가 시작되며 16~20주 이후 자궁이 복부와 대정맥의 압박으로 순환에 장애가 오고 다리 부종이 생기기 시작한다. 또한 부종으로 인하여 자궁과 허약해진 몸 보호를 위해 성호르몬 증가, 피하지방이 축적되고 급격한 체중 증가와 진피의 콜라겐이 갈라져 피부가 빠르게 늘어나 저림 증세도 나타난다.

임산부 관리는 임신 20주부터 케어가 가능하며 과체중 부종에 의한 순환장애로 손·발, 다리 저림, 튼살, 어깨 통증에 예방적 관리로서 효과적이다. 엄마의 몸은 아기를 건강하게 키우는 대지가 되어야 한다. 아기는 엄마와 탯줄로 연결되어 있어 슬픔도 기쁨도 엄마의 모든것과 함께하며 아기는 엄마의 뱃속에서 40주의 기억을 갖고 태어나게 된다. 임산부 관리는 엄마와 아기가 정서적 심리적 안정을 갖게 해주는 행복한 마사지이다.

2) 임산부의 생리적 변화

(1) 생식기계

① 자궁

- 근육섬유증식, 새로운 세포생성으로 자궁이 증대하여 태아의 영양공급, 보호한다.
- 척추위에 자궁 위치하여 하대정맥, 대동맥을 압박하게 된다.
- 임신 중 자궁은 많은 혈액공급을 받게 되는데 임신 말기에는 자궁으로 혈액이 최대화되어 태아 성장, 신진대사, 태반 기능을 정상적으로 유지시킨다.

② 자궁경관

- 더욱 유연해지며 약간 푸른색을 띠게 된다.
- 에스트로겐과 프로게스테론의 영향으로 증식하여 끈적끈적한 점액을 분비한다.
- 자궁경관의 혈관이 증대되어 실질조직에 부종이 온다.

③ 난소

- 임신 중에는한개의 황체만 존재하며 6~7주에 최대기능을 유지한다.

④ 질

- 질 조직의 증대와 더불어 혈액공급의 과대현상으로 질윈개 부분이 푸른 색깔로 착색되며 맥박이 증가한다.
- 질의 분비물 증가, 자주빛색의 착색, 점막층의 증식 등을 나타내는 것을 챠드윅징후(chadwick's sign)이라고 한다.
- 질 내용물이 약산성에서 강산성으로 되므로 살균작용이 있다.

(2) 대사

① 체중증가 : 임산부는 수정 이후 태아 성장, 태반의 완성, 자궁증대, 양수, 체내 수분 축적의 원인으로 체중이 증가하며 지방, 단백의 퇴적작용이 있다.

② 수분대사 : 임신 말기에 수분축적이 일어나 지나치면 임신중독증이 나타나므로 중요하게 다뤄야 한다. 정맥압, 모세혈관내 수분정체, 혈장량의 증가, 체액의 여과이상, 영양부족이 심한 경우 부종현상, 단백질 결핍시, 염 축적의 원인으로 수분 축적현상이 일어난다.

③ 단백질대사 : 태아 발육, 자궁, 유방발육증대, 모제의 혈상량증가로 인한 필요량 증가와 조직 증대현상에 따른 단백질 필요성이 높아진다.

④ 탄수화물, 인슐린대사 : 태반에서 나오는 성장호르몬이 지방분해 촉진시켜 혈장 내 지방산 증가, 인슐린 작용을 억제하여 임산부에게 당뇨병의 발생빈도가 높다. 태아에게 지속적으로 당을 공급해야 한다.

⑤ 지방대사 : 임산부의 에너지저장, 분만의 에너지 공급을 위해 중요한 역할을 한다.

⑥ 광물질 대사 : 임신 중의 철분 필요량의 증대는 필수적이다.

⑦ 비타민 대사 : 부족시 임산부의 문제, 태아 발육장애 발생한다.

⑧ 전해질 대사 : 체내에 나트륨, 칼륨이 다량 축적됨에도 불구하고 농도 저하되며 나트륨이 축적시 수분정체, 부종까지 유발된다.

(3) 피부계

- 임신 16주경에 뇌하수체 전엽과 부신피질 호르몬의 영향으로 하복부, 대퇴, 유방에 임신선이 나타난다.
- 임신 중에는 한선과 피지선의 분비가 왕성해진다.
- 뇌하수체 전엽의 멜라닌 자극호르몬 영향으로 얼굴, 이마에 색소침착이 나타난다.

(4) 심장과 폐

- 산소요구량의 증가 현상으로 호흡이 짧고 빨라진다.
- 난소와 태반에서 분비되는 프로게스테론이 혈관을 이완시키므로 혈압이 저하된다.

(5) 비뇨기계

- 프로게스테론의 영향으로 수뇨관 이완, 평활근 비대, 탄력성이 감소한다.
- 16주가 되면 자궁이 수뇨관을 압박하여 신우염 발병률이 높다.
- 방광섬유의 이완성, 증대된 자궁, 아두의 압박, 골반상을 이루는 근육섬유 이완성으로 임신 초기와 말기에 빈료 현상과 방광의 염증성 변화 비율이 높다.
- 임신 중에는 사구체 여과작용이 증가하고 세뇨관의 재흡수 작용이 떨어진다. 여과된 당이 재흡수가 되지 않으면 소변으로 그대로 배출되어 당뇨 현상이 나타난다.

(6) 유방

- 유두조직에 탄력이 생기며, 유륜은 더욱 짙은 색으로 착색되어 넓게 퍼진다.
- 유륜 바로 밑에 위치한 피지선인 몽고메리선의 융기, 증대현상, 분비의 증가로 유륜이 부풀고 윤기가 생긴다.

(7) 소화기계

- 위, 내장은 증대된 자궁의 압박을 받아 약간 위로 들리는 현상이 나타난다.
- 호르몬 작용에 의한 근육 이완성으로 위의 연동운동 저하현상이 나타난다.
- 구강 내 잇몸은 혈액증대와 조직의 유연성이 나타나 충혈되어 붓고 타액이 알카리에서 산성으로 변화되어 충치가 잘 생긴다.
- 하부정맥의 압박으로 치질이 잘 생기며 하지에 정맥류도 잘 나타난다.

- 위장에 유리염산이 감소로 음식의 소화작용이 느려지고, 위장벽이 이완으로 소화불량, 속쓰림, 오심, 구토증이 나타난다.
- 증대된 자궁이 하부에 있는 내장을 압박하여 내장의 연동운동이 감소, 대장으로 통과가 느려 변비 증세가 나타난다.

(8) 갑상선의 변화

- 임신 중 갑상선 조직 자체가 증대하나 기능항진은 없다.
- 임산부의 혈액 내 갑상선 호르몬의 증대현상은 단지 태반에서의 에스트로겐 분비 증대로 인한 혈중 에스트로겐 함량 증대의 반응 양상이라고 본다.
- 대사활동에 따른 산소요구량의 증대로 기초 신진 대사률이 높아진다.

2. 임산부 마사지 방법

1) 산모마사지의 효과

- 손을 이용해서 피부의 말초 감각수용기를 자극하는 방법으로 중추적으로 진정 되고 말초적으로는 근육이완, 신경안정, 혈액 순환을 도모하는 방법이다.
- 근육, 신경, 내장 등에 간접적으로 자극하여 기능을 회복시키는 반사작용 효과와 자율신경, 내분비선 조절, 내장기능 회복시키는 효과도 있다.
- 임신기간 동안의 스트레스와 긴장으로부터 심신을 진정, 이완 키는 동시에 산모의 인체에너지를 활성화 시켜 태아에게 긍정적인 영향을 미치게 된다.
- 마사지 시 손을 통해 전달되는 규칙적인 울림과 진동이 양수에 그대로 전달돼 태아의 대뇌발달 및 산모와의 정서적인 교감을 가능하게 한다.
- 체중 증가로 인한 근육통과 관절통 완화, 태동으로 인한 복부통증 완화, 과도하게 정체된 체액감소, 혈액순환 촉진으로 세포 영양공급 증가, 튼살 예방, 긴장과 스트레스로 인한 두통 해소, 장을 부드럽게 자극해 가스 제거 및 변비 완화 효과가 있다.
- 혈액순환을 원활하게 하여 임산부에게 나타나는 각종 질병 소화장애, 부종, 혈관계 질환, 임신중독증의 예방과 면역력을 강화 시켜준다.

2) 마사지 방법

(1) 바닥에서 하는 관리 방법

① 바닥에 베개 2개를 늘어놓는다. 산모가 옆으로 누워서 겨드랑이가 두 베개 사이에 오도록 한다.

② 두 베개가 각각 산모의 배와 등을 지지하도록 받쳐준다. 산모의 머리에도 베개 한두 개를 받쳐서 척추가 일렬이 될 수 있도록 한다.

③ 바닥 쪽에 닿은 다리는 쭉 펴고, 위의 다리만 살짝 구부려 준다. 다리 사이에도 베개 한두 개를 끼워준다.

(2) 무릎 꿇기 자세

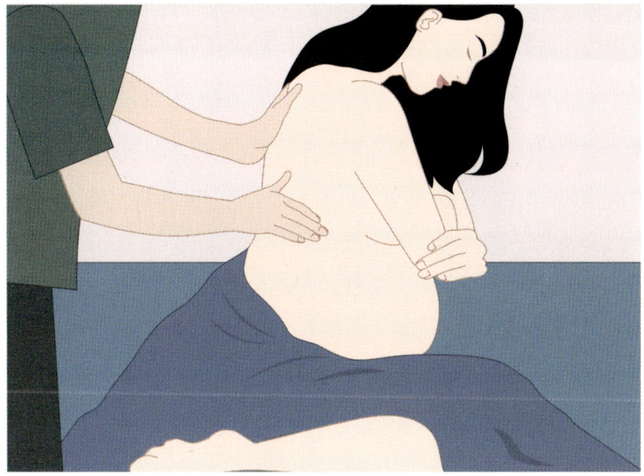

이 방법은 압력이 가해지는 동안 산모의 배를 지탱해줄 수 있다. 산모가 침대 옆에 무릎을 꿇고 상체는 침대에 기대도록 해준다. 무릎이 아프지 않게 아래에 베개 한두 개를 깔아주고 산모의 배가 눌리지 않는지 반드시 확인해준다. 항상 산모가 직접 편안한 정도를 정하게 해준다.

(3) 등 마사지

① 척추를 중심으로 양쪽 등을 손바닥으로 마사지 해 통증을 완화시킨다.
② 산모의 목 뒤쪽부터 시작해서 엉덩이까지 부드럽게 마사지해 내려간다.
③ 척추기립근을 기준으로 한쪽씩 관리 후 다른 쪽으로 천천히 목까지 다시 마사지해 올라온다.
④ 척추 자체는 건드리지 않으면서 등 양쪽을 모두 마사지 해주는 것이 포인트이다.
⑤ 주먹을 약하게 쥐고 척추 아래쪽 뼈 안쪽의 엉덩이 부분을 마사지해서 긴장을 완화시킨다.
⑥ 부드럽게 안쪽과 아래쪽으로 주먹을 눌러준다. 골반에 살짝 닿을 듯 말 듯 하게 한다. 꼬리뼈에는 닿지 않도록 너무 내려가지 않도록 한다.

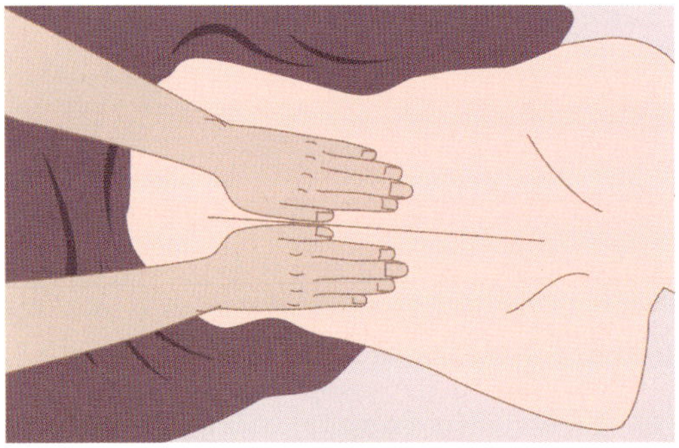

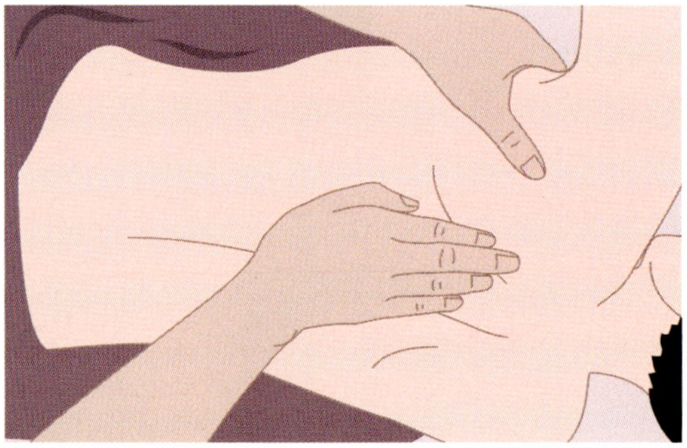

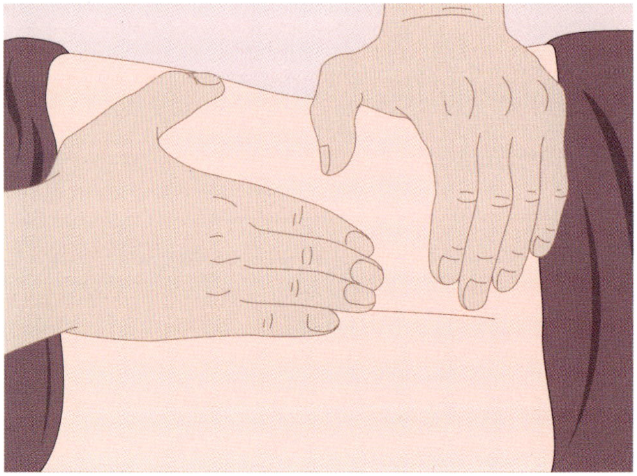

(4) 골반마사지

골반마사지는 근육을 풀어주어 출산 시 감통효과가 있으며 요통 예방, 등과 척추의 긴장을 풀어주고, 자궁의 기능을 튼튼하게 해준다.

① 엉덩이 위 미골 부위에서 양손으로 둥글게 원을 돌리면서 위·아래로 허리에서 엉덩이까지 왔다 갔다하며 마사지한다.

② 손가락 밑면으로 작은 원을 그리며 미골을 마사지한다.

③ 엉덩이를 양손으로 원을 그리며 마사지한다.

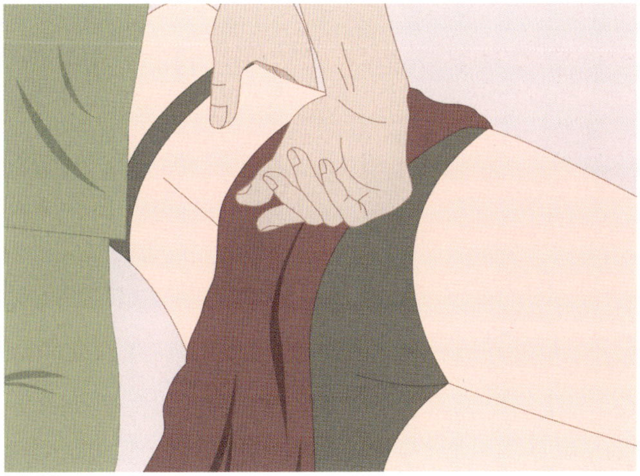

(5) 다리마사지

① 산모의 지친 다리를 약간만 들어올려 바깥쪽 부분을 부드럽게 마사지 해준다.

② 허벅지와 허벅지 내측부(가지랭이)를 압력을 넣어 반복적으로 마사지 한다.

③ 발과 발목이 만나는 지점부터 시작해서 작은 원을 그리듯 만져준다. 허벅지까지 천천히 올라간 후 엉덩이와 허벅지가 만나는 지점에서 끝낸다. 다리의 붓기를 빼려면 항상 발에서부터 시작하며 허벅지 안쪽은 마사지를 피한다.

④ 아킬레스건에서 종아리 뒤를 따라 무릎 위 10cm정도 까지 손바닥을 밀착해서 수 회 쓸어 올린다.

⑤ 발바닥을 손가락 전체로 꾹꾹 눌러준다.

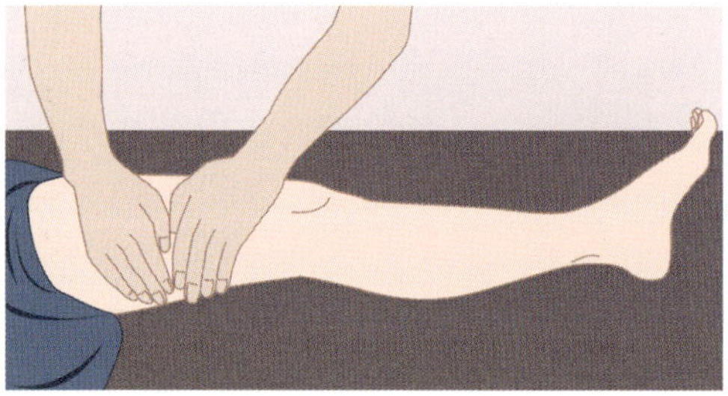

(6) 복부마사지

① 복부에다 오일을 도포한 후 천천히 시계 반대방향으로 쓰다듬기를 해준다.

② 배꼽을 향해 배의 가장자리에서 양손으로 바깥쪽에서 배꼽 방향으로 쓰다듬어 올린다.

③ 배꼽을 중심으로 해서 바깥으로 점차 큰 원을 그린다.

④ 양손으로 배 옆을 쓸어내리듯이 갔다가 중심에서 아래에서 위로 올리듯이 모아서 올리는 동작을 수 회 반복한다.

⑤ 배의 가운데에서 가장자리로 전체적이며 둥그렇게, 부드럽게 마사지 한다.

⑥ 자궁저부 위쪽과 배의 가장자리, 치골상부, 옆구리 주위를 원을 그리며 문지른다.

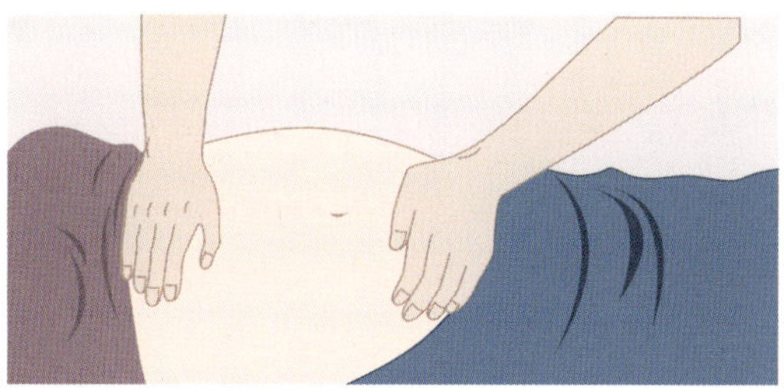

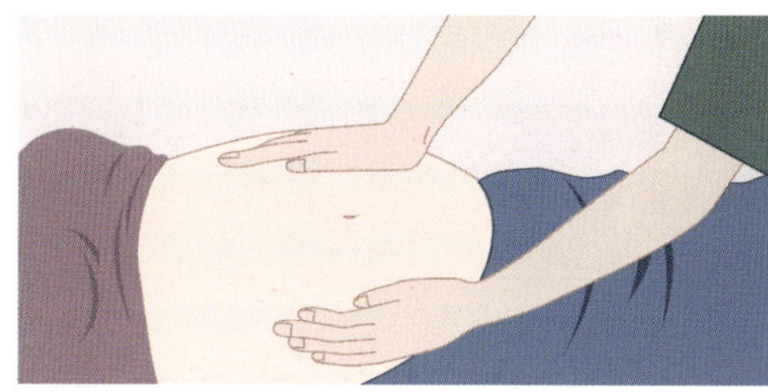

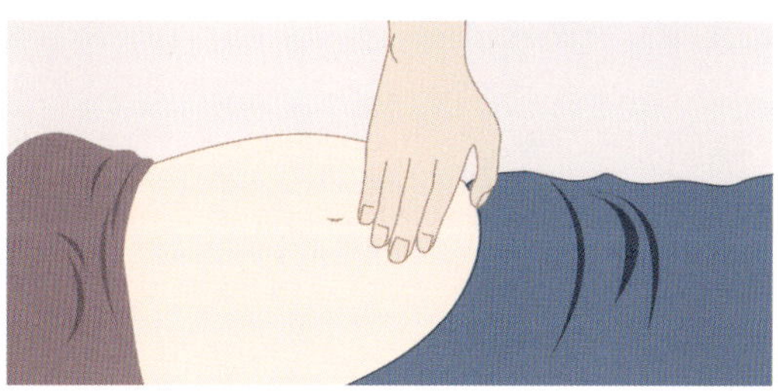

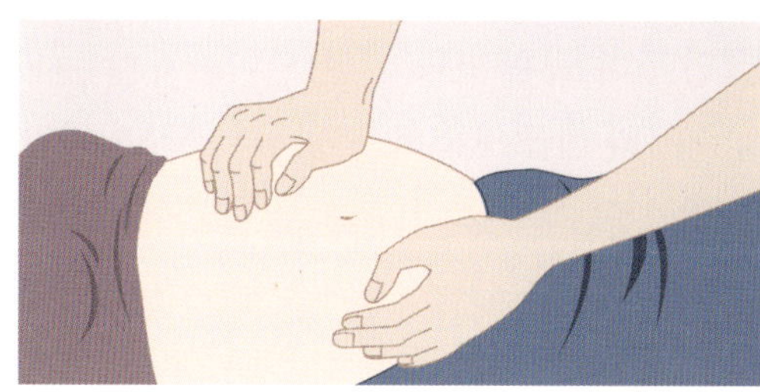

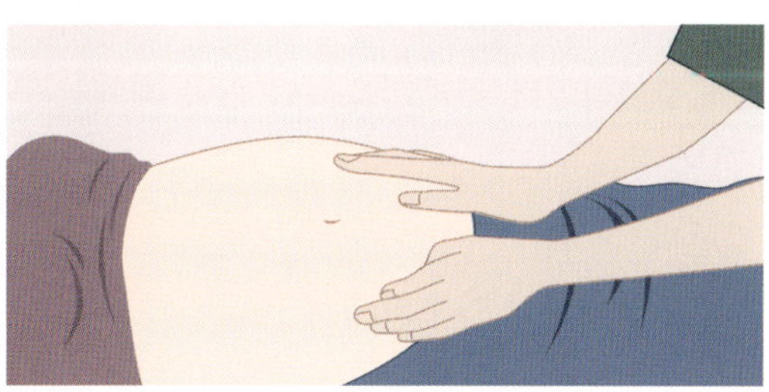

(7) 가슴마사지

① 한쪽씩 겨드랑이에서 가슴쪽으로 유륜을 중심으로 충분히 모아준다.

② 가슴을 가운데로(겨드랑이에서 안쪽으로) 양쪽에서 모아 주면서 6회 이상 반복한다.

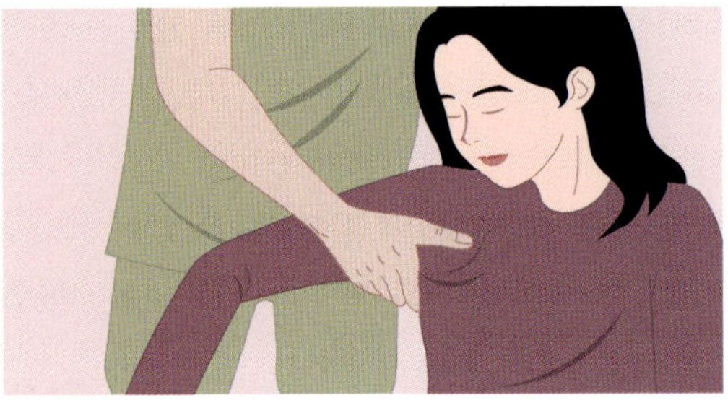

【효과】
혈액순환을 원활하게 하고 특히 정맥귀환을 도와 하지의 무게감과 부종을 해소하고 쥐나는 것을예방할 수 있다.

4) 임산부관리 시 주의사항

① 강한 마찰, 혈 자극, 지압, 안마하지 않는다.

② 유두와 배꼽 자궁 쪽은 자극과 마사지 하지 않는다.

③ 임산부는 트러블이 있을 시 약물 복용을 할 수 없으므로 안전한 제품 사용과 마사지 시 주의사항이 있으므로 전문가 교육을 이수 후 관리를 권장한다.

④ 개월주수에 따른 전문적인 관리를 권장한다.

⑤ 튼살 관리는 매일 자가 마사지를 권장한다.

⑥ 관리시간은 60분을 넘지 않으며 관리도 중 산모가 불편함이나 어지러움을 호소할 때에는 즉시 멈추어야 한다.

⑦ 바로 누운 자세 10~20분 이상 경과는 요통을 유발한다.

⑧ 기기 도구 사용금지 아로마 오일은 반드시 임산부에게 안전성이 인증된 것만 사용한다.

⑨ 임신 첫 3개월이 지나기까지는 마사지나 오일의 사용도 금해야 한다.

⑩ 팔목과 발목의 특정 압점들을 피한다. 이 지점들은 자궁과 골반의 근육들을 자극하는 것으로알려져 있어 자궁수축을 동반할 수 있다.

5) 임산부관리 효과

① 임신기간 동안의 스트레스와 긴장으로부터 심신을 진정, 이완시키는 동시에 산모의 인체에너지를 활성화 시켜 태아에게 긍정적인 영향을 미치게 된다.

② 마사지 시 손을 통해 전달되는 규칙적인 울림과 진동이 양수에 그대로 전달돼 태아의 대뇌발달 및 산모와의 정서적인 교감을 가능하게 하고 튼살도 예방하여 준다.

③ 과도한 체중 증가로 인한 근육통과 관절통 완화, 허리 · 어깨 · 다리 통증, 태동으로 인한 복부통증 완화, 과도하게 정체된 체액감소, 혈액순환 촉진으로 세포 영양공급 증가, 튼살 예방, 긴장과 스트레스로 인한 두통 해소, 장을 부드럽게 자극해 가스 제거 및 변비 완화 효과가 있다.

④ 혈액순환을 원활하게 해 손발 부종으로 순환장애, 다리 저림 완화, 임산부에게 나타나는 각종 질병, 소화 장애, 부종, 혈관계질환, 임신중독증의 예방과 면역력을 강화시켜 준다.

⑤ 근육, 신경, 내장 등에 간접적으로 자극하여 기능을 회복시키는 반사작용 효과와 유방팽대, 젖몸살을 예방하여 주며 자율신경, 내분비선 조절, 내장기능을 회복시키는 효과도 있다.

3. 임신 월별 산모의 변화

1) 임신 1개월의 산모의 변화 (만 0~4주)

임신 1~2개월 사이에는 신체적 변화와 임신의 자각증상은 없지만 피곤함, 열감, 메스꺼움을 느낄 수 있으며 예민한 경우 소화불량과 입덧이 시작된다.

① 자궁의 크기는 달걀 정도에서 거위 알 크기로 변한다.

② 3주 말 무렵부터 가벼운 입덧 증상이 올 수 있으므로 과로나 스트레스를 피한다.

③ 기초 체온의 고온기가 2주 정도 계속된다.

피부에 안전한 성분이 함유되어 있는 호호바 오일, 토코페롤, 윗점오일, 튼살 예방에 효과적인 스위트아몬드 오일로 피로 회복에 좋은 림프 마사지를 한다. 이는 정신적 안정감과 심리적 변화에 대한 대응력을 길러주므로 심신을 편안하게 해준다.

2) 임신 2개월의 산모의 변화 (만 4~7주)

수정란은 자궁 내막에 깊숙이 자리 잡게 된다.

① 태반이 발달하기 시작한다.

② 공복 시에 메스껍고 울렁거리거나 토하고 싶고 식성이 바뀌기도 한다.

③ 태반이 발달하기 시작한다. 이는 서서히 성장하는 태반의 융모는 자궁벽에 있는 혈관들과 함께 뒤섞여 모체의 혈액이 이곳으로 흘러 들어와 주변을 둘러싸며, 모체와 태아 사이의 영양분과 노폐물의 교환이 이루어진다.
④ 유방이 커지고 유두 끝이 따끔거리기도 한다.
⑤ 체온이 올라가 열감이 느껴지고, 졸음이 오고 피곤하고 오한이 나는 등 감기몸살과 같은 증세를 겪게 된다.
⑥ 외관상 배가 나오지는 않지만 약간 커진 자궁이 방광을 눌러 소변은 자주 보게 되고, 호르몬의 변화로 장운동이 둔화되어 변비나 설사를 하기도 한다.

피부에 안전한 성분이 함유되어 있는 호호바 오일, 토코페롤, 윗점오일, 튼살 예방에 효과적인 스위트아몬드 오일을 이용해 부드럽게 림프마사지를 한다. 입덧이 오래가는 경우 등 관리를 해 주면 도움이 많이 되며 등과 척추의 긴장을 풀어주며 요통도 예방할 수 있다.

3) 임신 3개월의 산모의 변화 (만 8~11주)

① 자궁은 어른 주먹 정도 크기로 커지고 아랫배가 약간 나온다.
② 입덧과 임신성여드름, 기미가 생길 수 있다.
③ 소변 횟수도 늘고 변비도 심해질 수 있다.
④ 태반 기능이 불안정하고 자궁이 커지면서 아랫배가 당기거나 따끔거릴 수도 있다.
⑤ 자궁이 커지면서 신경이나 근육을 자극하여 골반통증이 나타난다.
⑥ 유방통이 생기고, 유두주위가 까맣게 착색되기도 한다.
⑦ 급격한 호르몬 변화에 의해 자율신경계의 조절이 잘 안되어 두통, 어지럼증이 생긴다.

자궁이 커지면서 근육이나 신경이 압박감을 느끼므로 골반통증이 유발된다. 엉덩이와 다리 마사지를 통하여 튼살 예방과 부종을 완화시키는 관리를 해야한다.

4) 임신 4개월의 산모의 변화 (만 12~15주)

① 자궁 크기가 아기 머리 정도로 커지고, 양수도 늘어나기 때문에 유방이 커지며 몸무게도 증가한다.
② 자궁이 골반 위쪽으로 올라오면서 방광으로 압박은 적어지지만 배가 나와 앞으로 내밀게 되어 등, 허리의 부담이 증가하여 요통을 호소하기 시작한다.
③ 잦은 소변이 줄어들고 구토 증세가 없어지며 입덧이 끝난다.
④ 자궁을 지탱하는 인대가 당겨서 사타구니나 허리가 아프고 피곤을 자주 느낀다.

호르몬의 변화로 인하여 가슴이 커지고 멜라닌 자극 호르몬의 영향으로 얼굴, 유두 등 전체적으로 색소침착이 나타나므로 화이트닝 관리를 해준다. 유방이 커지므로 어깨가 무겁고 손·발이 저린다. 목, 어깨, 손목 마사지를 함께 시행한다.

5) 임신 5개월의 산모의 변화 (만 16~19주)

① 배의 당김 증세와 태동을 느낄 수 있는 시기로 태아의 무게로 하지경련, 비만, 정맥류 등이 나타난다.
② 자궁의 크기가 어른의 머리 크기만큼 된다.
③ 자궁저가 배꼽 부분까지 올라와 아랫배가 두드러지고 유선이 발달한다.
④ 얼굴과 복부에 피부 착색의 변화가 나타난다.

호르몬의 영향과 수분, 영양공급이 원활하지 않으므로 피부가 거칠어지는 시기이므로 보습마사지를 해주며 다리관리로 다리근육 경련 및 부종을 줄여야 한다. 자주 마사지를 받으면 쥐가 나는 것도 예방할 수 있다.

6) 임신 6개월의 산모의 변화 (만 20~23주)

① 자궁저의 높이가 약 18~20cm 정도 되며, 자궁은 사람 머리보다 커져 배꼽까지 올라오게 된다.
② 무거워진 체중 때문에 다리, 발목에도 부담을 주어 출산할 때까지 잠자는 사이에 다리에 쥐가 난다.
③ 몸 중심이 앞으로 쏠리기 때문에 허리, 등 근육에 부담을 주어 통증이 잦아진다.
④ 임신 중독증의 예방을 위해 비만에 주의한다.

급격한 몸무게의 증가로 셀룰라이트가 쌓이게 되고 순환에 장애를 받는다. 전신관리와 부분복부 관리로 배의 당김을 완화시키고 튼살 예방 관리를 실시해야 한다.

7) 임신 7개월의 산모의 변화 (만 24~27주)

① 유방이나 자궁의 확대로 피부가 늘어나 피부 밑의 작은 혈관들이 터져 배와 유방 주위에 검붉은 임신선이 나타난다.
② 자궁에 하반신의 정맥이 압박되어 다리가 붓고, 정맥류가 나타나거나, 자주 쥐가 난다.
③ 갑자기 피부가 트기 시작하므로 피부에 변화가 오고 복부가 심하게 가렵다.
④ 요통이나 골반통이 심해져 똑바로 눕기가 고통스러워진다.
⑤ 빈혈, 현기증을 느끼기 쉽고, 치질과 변비가 심해 고통스럽다.

임신 중독증이 예상되는 시기이므로 많은 수분섭취와 당분, 염분이 많이 들어있는 식품은 가급적 피하는 것이 좋다. 혈액순환과 노폐물 배출을 위하여 전신관리나 등, 골반 관리를 함께 병행한다.

8) 임신 8개월의 산모의 변화 (만 28~31주)

① 자궁은 배꼽과 명치 사이까지 커져 위와 심장이 눌려 가슴이 답답하거나, 숨이 차고, 소화가잘 되지 않으며 속이 쓰리거나 토하는 경우도 생긴다.

② 유두 주위, 하복부에 색소침착이 생기며 복부 아래쪽으로 임신선이 뚜렷이 나타나며 배꼽이 튀어나온다.

③ 허리, 등 부분에 통증이 생기며, 저녁이 되면 팔과 다리가 붓는다. 배가 나오면서 다리 사이의 신경이 압박되어 다리가 저리고 쥐가 난다. 허리와 엉덩이를 함께 마사지 하면서 다리관리를 같이 해주면 매우 효과적이다.

9) 임신 9개월의 산모의 변화 (만 32~35주)

① 임신성 부종과 우울증이 나타날 수 있으며 태아가 밑으로 내려가 호흡은 이전보다 쉬워진다.

② 배꼽 위치보다 커진 자궁에 하반신의 정맥이 압박되어 다리가 붓고 근육이 경직되거나 쥐가자주난다.

③ 소변을 자주 보며, 잇몸 출혈, 빈혈, 두통, 어지럼증, 현기증 증세가 나타난다.

④ 자다가 다리에 경련이 오거나, 발목과 발이 더 많이 붓고, 손과 얼굴도 붓는다.

유방마사지를 통해서 유방의 확대 및 유즙생성이 일어날 수 있도록 가슴마사지를 시행하며 림프마사지를 통해서 경임파절, 액화임파절, 서혜부로 노폐물을 배출할 수 있도록 도움을 준다.

10) 임신 10개월의 산모의 변화 (만 36~39주)

① 배의 처짐으로 잦은 소변으로 화장실을 자주가고 산도가 부드러워지며 점액의 분비량이 많아져 자궁의 출구가 촉촉해지고 탄력성과 유연성이 많아지게 된다.

② 출산을 위한 배의 처짐은 장시간 외출이 어려워지고 호흡곤란 증세가 나타나기도 한다.

③ 명치 끝까지 치받쳤던 자궁이 서서히 밑으로 내려간다.

위나 심장으로의 압박감이 덜해져서 조금 편해지고 배가 약간 처지는 느낌이다. 태아의 압박으로 배가 몸무게의 증가와 함께 발의 심한 부종이 있으므로 발 마사지를 통해서 혈액순환과 노폐물 배출에 도움을 주는 마사지를 시행한다.

4. 출산 후 관리

1) 출산 후 관리의 필요성

① 임신과 출산 과정을 거치면서 전체적인 체형이 변함에 따라 척추와 골반의 변형도 같이 일어난다.

② 임신 중 증가한 체중은 출산 후 6개월 안에 임신 전의 체중으로 복구되지 못한 경우가 산후 비만으로 이어지며 갱년기 비만으로 이어질 수 있다는 연구결과가 있다.

③ 릴렉신호르몬은 임신 중 5개월부터 분비되어 결합조직을 부드럽게 하여 출산을 돕고 산후 5개월까지 분비되며 이 기간에 골반과 체형관리 효과가 가장 크고 생리 조절점인 산후 3개월이 산후관리 최적기이다.

2) 출산 후 신체 변화

① 임신 중 과체중일 경우 : 산후부종, 산후비만, 근육통증, 산후우울증으로 이어진다.

② 탈모 : 산후 안드로겐 수치 증가로 머리카락이 많이 빠진다.

③ 체형변형 : 뱃살의 늘어짐과 튼살

④ 임신 중 과도한 에스트로겐 분비로 혈액 림프 순환장애로 지방 연소가 되지 않아 하체 비만이 된다.

⑤ 가슴비대 뭉침 젖몸살 : 수유를 위해 가슴이 커진다.

⑥ 한쪽으로만 수유 시 불균형으로 팔목 저림

⑦ 애기를 안을 때 어깨, 허리, 팔 통증

⑧ 출산 후 골반 불균형

3) 산후관리 순서

① 측면 등 / 측면 다리

② 앞면 관리 다리 전면-복부-가슴-팔

③ 등과 다리 후면 관리

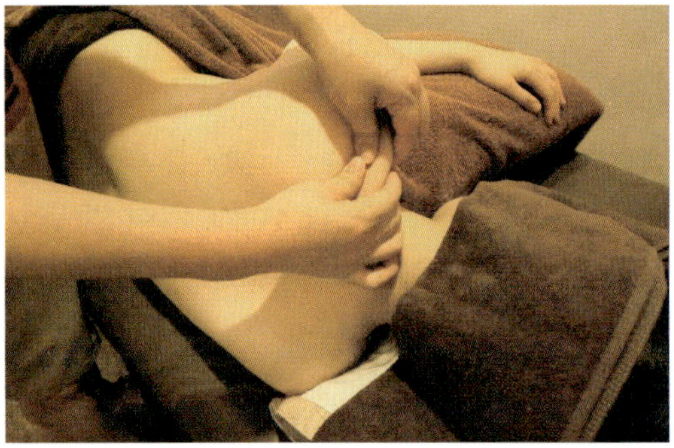
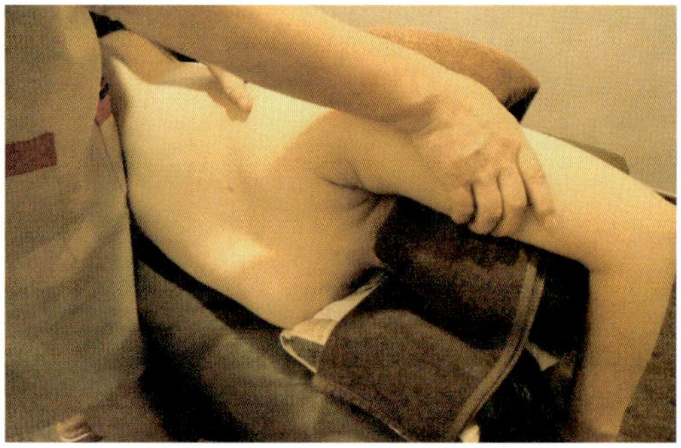
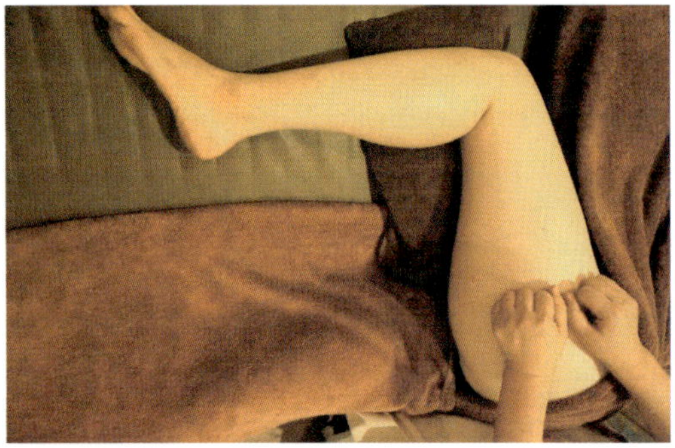
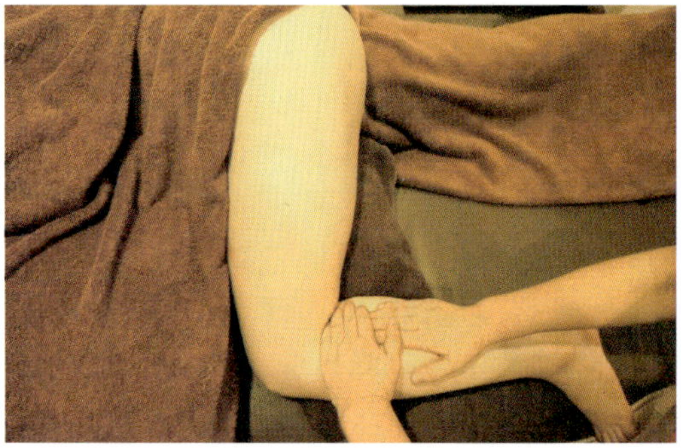
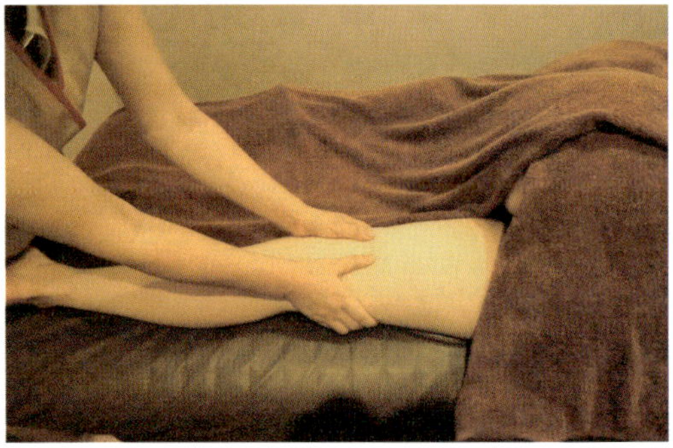
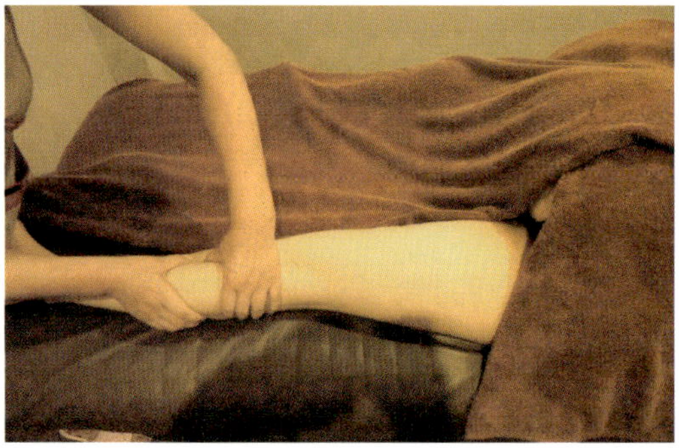
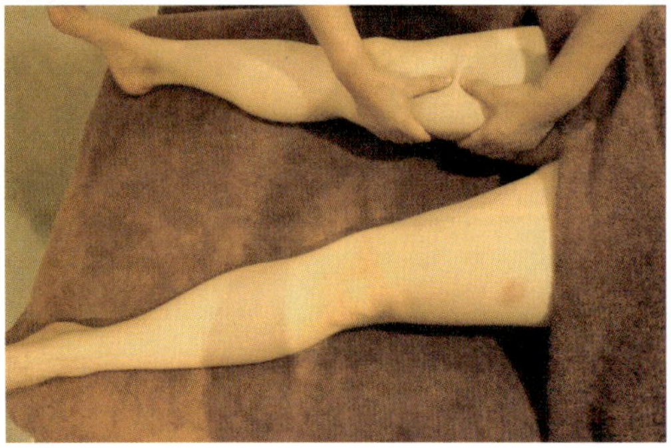
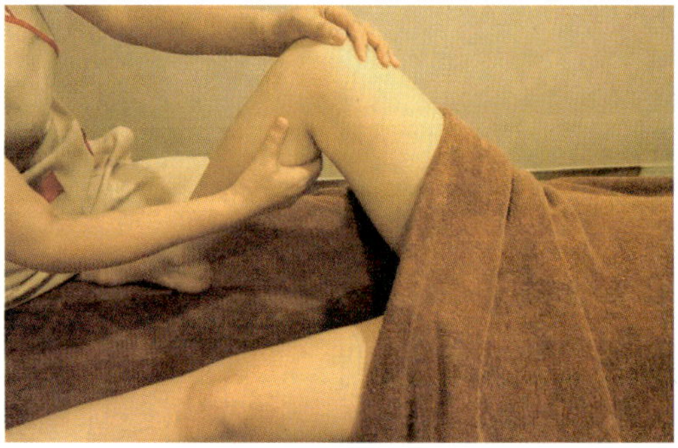

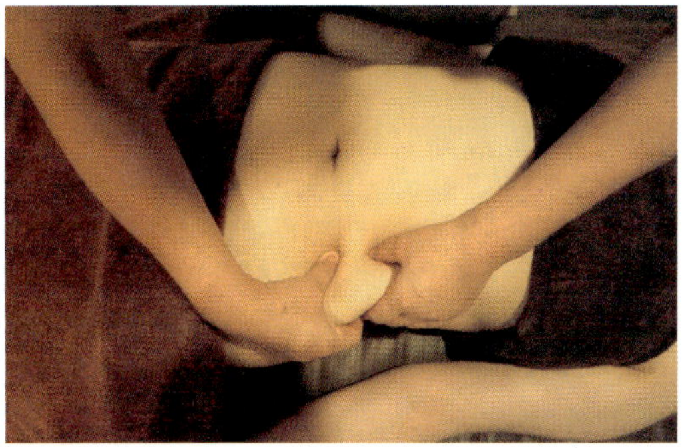
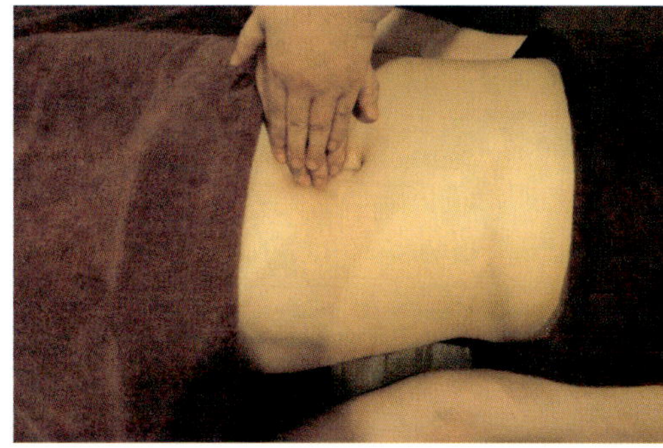
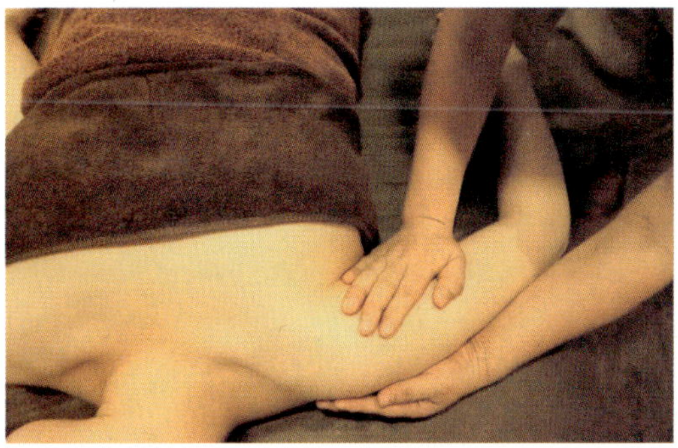
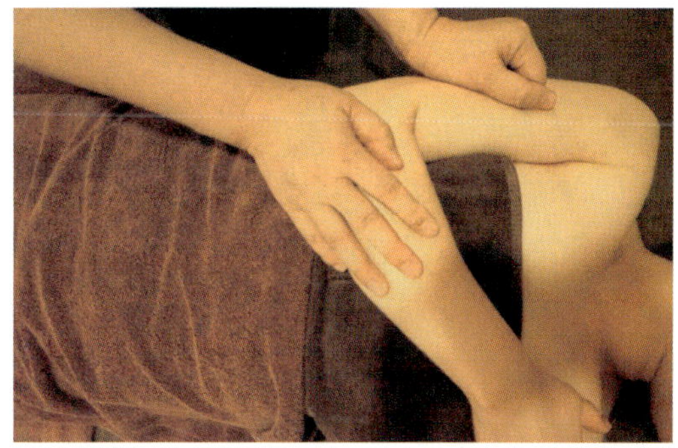
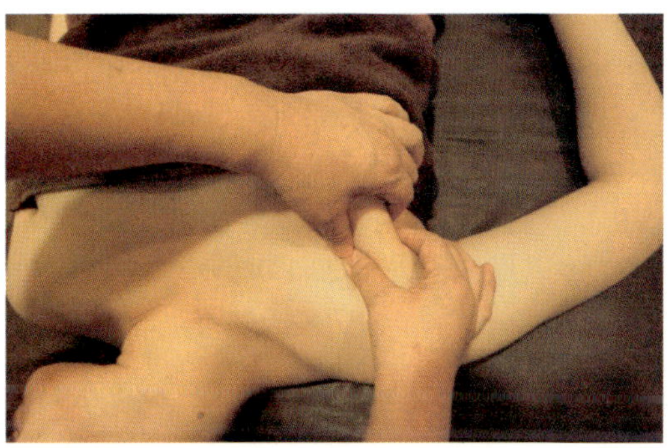
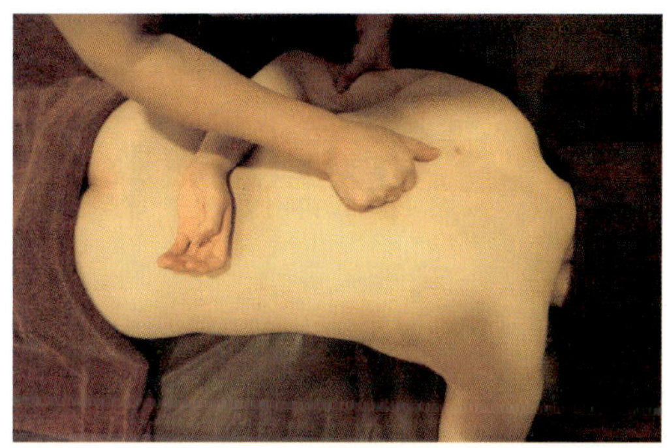
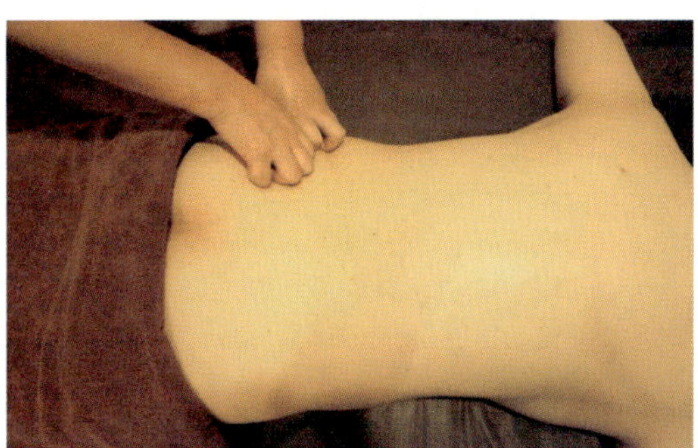
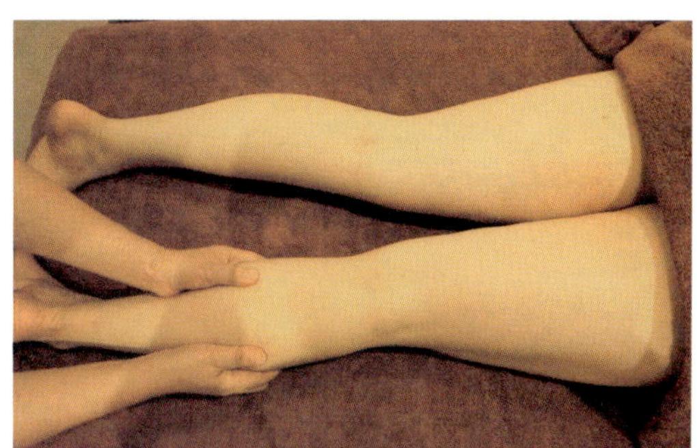

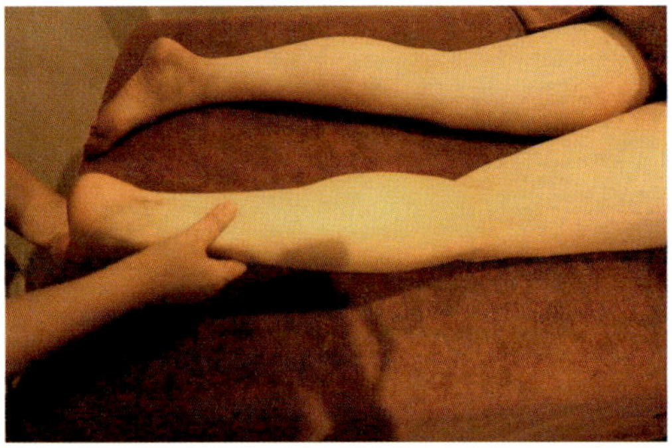

4) 산후관리 효과

① 노폐물 배출, 오로배출 원활

② 산후부종, 산후비만 완화

③ 신진대사작용 원활하게 하여 산후통 자궁수축을 도와준다.

④ 혈액순환 활성화

⑤ 척추와 골반의 변형 완화

⑥ 피부착색 완화

⑦ 복부 가슴 근육탄력강화

5) 산후 관리 시 주의사항

① 산후 4주~8주 이내 관리 시작을 권장한다.

② 튼살 관리는 반드시 홈케어 할 것과 튼살 제품으로 산후 5개월까지 매일 자가 마사지를 권장한다.

③ 산후관리 시 순서는 측면부터 진행하도록 한다.

④ 출산 후 처음 관리 시 부드럽게 시간을 짧게 시작하여 4~5회 지나면서 개인에 따라 강약을 조절하여 관리하고 손목회전, 발목회전, 강한자극은 피한다.

⑤ 산후 5개월까지 임신 전 체중으로의 회복을 권장한다.

BEAUTY MASSAGE THERAPY

CHAPTER 8

베이비 마사지

1. 베이비 마사지란?
2. 베이비 마사지의 목적
3. 베이비 마사지의 효과 및 주의사항
4. 베이비 마사지 방법

CHAPTER

8

베이비 마사지

1. 베이비 마사지란?

요즘 산후 조리원이 많이 생기면서 산모와 아이를 위한 프로그램이 많이 등장하고 있다. 베이비 마사지는 생후 1주일부터 시행하게 되며 신세대 엄마들 사이에서 베이비 마사지가 급속도로 확대되고 있다.

아기가 태어나고 10개월 정도는 아기가 세포를 만들어가는 시기이기 때문에 마사지를 통해 성장을 촉진시킬 수 있다. 베이비 마사지는 피부의 혈액순환을 돕고 면역력을 키워주기 때문에 아토피로 고생하는 아이들에게 굉장히 효과적이다. 신생아는 태어나서 1년 동안은 매우 많은 변화를 가져오게 된다. 체중은 출생 시보다 3배로 증가하고, 신장은 30cm로 정도가 더 성장한다. 빠른 발육과 성장 때문에 필요로 하는 영양소도 다양하게 요구되어 모유수유로 시작된 영양공급은 6개월부터 이유식을 겸하여 영양결핍이 되지 않도록 해야 한다.

보통 3세까지의 아기를 대상으로 하는 베이비 마사지는 아기를 쓰다듬고 만져줌으로 인해서 아이를 편안하게 해주고 부모와의 친밀감을 높여준다. 또한 복부 마사지를 통하여 소화배설이 촉진되며 면역기능도 강화된다. 베이비 마사지는 이러한 자극과 마사지를 함으로써 긴장을 완화시키고 정서적 안정에 도움이 많이 된다.

건포 마사지는 베이비오일이 자극을 준다고 하여 시행하는 마사지 기법인데 마른 손이나 수건 등으로 마사지를 할 경우 더 심한 자극을 유발할 수 있다. 크림이나 오일을 이용한 베이비 마사지는 생리적 밸런스를 맞춰주고 정서적인 안정까지 느낄 수 있으므로 편안하게 마사지를 시행할 수 있다.

2. 베이비 마사지의 목적

아기의 피부를 만지는 동안 부드럽게 밀착되기 때문에 정서적으로 안정이 되며 아기가 숙면을 취하는 데에도 도움이 많이 된다. 또한 엄마들은 마사지를 하면서 아이에게 세심하고 자세하게 관찰할 수 있으므로 성장발육에 도움을 주며 육체적 발달과 근육의 긴장을 풀어준다. 이러한 스킨십은 아기와 엄마와의 유대를 돈독하게 해줌으로써 아기에게 정서적 안정감을 줄 수 있다. 매일 5~20분 정도 마사지를 해주면 '세로토닌'이라는 호르몬이 촉진되어 숙면을 취할 수 있을 뿐만 아니라 아기와 엄마 간의 사랑도

깊어진다. 그러므로 아기의 감각을 발달시키고 정서적으로 안정된 육아시절을 보내게 되며 숙면에도 도움을 준다. 또한 엄마들은 마사지를 하면서 아이에게 세심하고 자세하게 관찰할 수 있다. 베이비 마사지는 성장발육에 도움을 주며 육체적 발달과 근육의 긴장을 풀어준다. 피부를 문지르고 자극하면서 육체적 발달의 촉진과 면역력 기능이 강화되어 아기가 더욱 건강하게 자랄 수 있으며 아기의 몸을 부드럽게 마사지 하면서 눈을 맞추면 근육의 긴장을 풀어주는 효과도 있다. 또한 베이비 마사지는 감각기능을 자극하고 전신 스트레칭은 신체 발육을 촉진시켜 성장 시기에 발육을 도와준다.

3. 베이비 마사지의 효과 및 주의사항

1) 베이비 마사지의 효과

① 정서적 안정을 준다.
② 엄마와의 관계를 돈독하게 한다.
③ 성장발육을 촉진시켜준다.
④ 근육의 긴장을 풀어준다.
⑤ 면역력과 저항력을 향상시켜준다.
⑥ 부모와의 유대감으로 긍정적 사고를 갖게 한다.
⑦ 목욕 후 마사지하면 숙면에 효과적이다.

2) 베이비 마사지의 효과를 높이기 위한 방법

① 베이비 마사지는 가급적 오전에 목욕을 하고 시행하는 것이 바람직하다.
② 수유와 수유의 중간시간에 실시하도록 한다.
③ 아이가 피곤해 하면서도 잠이 들지 못할 때 해주면 잠이 들기도 한다.
④ 사용할 오일을 따뜻하게 데워 놓는다.
⑤ 수유 후 1시간 정도 경과 후에 마사지 한다.
⑥ 얇은 옷을 입고도 따뜻할 정도의 온도(24~26℃)를 유지해야 한다.
⑦ 마사지는 보편적으로 생후 1개월부터 시행한다.
⑧ 호호바 오일, 스위트아몬드 오일, 포도씨 오일, 베이비오일 등을 사용한다.

3) 베이비 마사지 시 주의사항

① 손과 손톱은 청결해야 하며 손톱을 짧게 깎는다.
② 손에 반지는 착용하지 않는다.
③ 손이 너무 차갑지 않게 따뜻하게 한 후 시행한다.
④ 두툼한 이불이나 타월을 깔아야 한다.
⑤ 베이비 마사지는 부분적으로 시행한다.
⑥ 방의 온도를 따뜻하게 유지한다.
⑦ 매일 일정한 시간에 베이비 마사지를 시행한다.
⑧ 베이비오일은 차갑지 않게 하며 데워놓는다.
⑨ 눈과 입에 들어가지 않도록 주의한다.
⑩ 아이가 울거나 싫어할 때는 마사지를 중단한다.

4. 베이비 마사지 방법

1) 팔마사지

바닥에 두툼한 타월을 깔고 아기를 엎드리게 한 다음 베이비오일이나 로션을 바르고 마사지 한다. 아이와 엄마가 처음 접옥을 할 때에는 손이나 팔부터 시행을 하면 정서적으로 안정하고 밀착력을 통해서 유대관계가 형성된다.

① 베이비오일이나 로션을 골고루 바른 후 손바닥 전체로 팔 위에서 손까지 쓸어준다.
② 손바닥을 밀착시켜 팔 전체를 원 그리 듯 올려준다.
③ 팔목과 손등, 손 순서로 원을 그리면서 부드럽게 마사지 해준다.

2) 가슴과 복부 마사지

아기의 숙면을 위해서는 폐와 심장 기능이 활발하면 더욱 효과적이다. 많이 보채거나 잠을 잘 못자는 아기는 불편함 때문이다. 이 때 가슴마사지를 해주면 호흡이 편안해지고 어깨도 잘 펴져 신경이 안정되며 아기는 심리적으로 편안함과 포근함을 갖게 된다.

① 베이비오일이나 로션을 가슴 주변에 손바닥 전체로 골고루 펴 바른다.
② 손바닥을 밀착시켜 가슴에서 어깨 복부까지 바깥쪽으로 쓰다듬어 준다.
③ 가슴부터 복부까지 내려갔다 올라갔다가 2~3회 반복하고 가슴에서 어깨 뒤로 손을 놓고 겨 랑

이, 허리, 복부까지 천천히 원을 그리듯 마사지를 한다.

④ 가슴 주위를 쓰다듬고 어깨, 허리, 복부, 엉덩이 순으로 쓸어내린 후 마무리한다.

3) 다리와 발 마사지

다리마사지는 근육, 뼈, 관절에 효과적으로 작용하며 근육 발달과 더불어 곧고 예쁜 다리로 만들어 주며 성장발육에 도움을 준다. 목욕 전, 후 다리에 스트레칭 효과를 주어 근육을 정정시키면 림프의 순환을 도와 다리가 두꺼워지거나 길게 잘 자라도록 도움을 준다. 특히 발 마사지는 오장육부의 작용을 원활히 하여 감각기능을 발달시켜 준다.

① 베이비오일이나 로션을 골고루 바른 후 한 손은 발목을 잡고 다른 한 손은 손바닥 전체를 이용하여 아래에서 위로 반복하여 쓸어준다.

② 아기의 다리를 들고 한 손으로 발목을 잡고 허벅지에서 발목으로 쓸어내려준다.

③ 다리를 든 상태에서 양손을 이용하여 살짝 비틀어 준 다음 발목과 허벅지를 잡고 가볍게 털어 준다.

④ 한 손으로 발을 잡고 아킬레스건 주위를 눌러주며 안쪽과 바깥쪽의 복숭아뼈도 원을 그리며 천천히 돌려준다.

⑤ 발가락 윗부분, 발바닥 윗부분, 중앙, 뒤꿈치 부분까지 엄지손가락으로 가볍게 문질러주며 발가락 발등도 두 손으로 감싸서 쓰다듬어 준다.

⑥ 두 다리를 가볍게 주무른 후 위로 굽혔다 폈다와 폈다 아래로 당겨 스트레칭 해준다.

4) 등 마사지

신생아들은 누워있는 시간이 많으므로 등 마사지를 통해 척추를 풀어주어 긴장감과 편안함을 준다. 부드럽고 유연한 척추뼈는 오장육부를 편안하게 해주며 성장발육에도 도움을 줄 수 있으므로 부드럽게 마사지를 해준다.

① 바닥에 두툼한 타월을 깔고 아기를 엎드리게 한 다음 베이비오일이나 로션을 바르고 마사지 한다.

② 베이비오일이나 로션을 골고루 바른 후 손바닥 전체로 아래에서 위로 쓸어준 후 어깨를 돌아 손끝에서 빼준다.

③ 손바닥을 밀착시켜 등 전체를 원 그리듯 올려준다.

④ 척추기립근 부위를 엄지손가락을 이용하여 가볍게 원 그리듯 올려준다.

⑤ 허리와 엉덩이 부위를 손가락 전체로 주무르듯 원 그리며 한 후 전체 쓰다듬기로 마무리한다.

5) 얼굴마사지

아기 때부터 얼굴 마사지를 해주면 심신이 안정되고 예쁜 뼈로 만들어 주어 성인이 되면 호감 있는 얼굴로 만들어진다. 매일 5분만 시간을 내어 마사지해도 놀라운 효과를 기대할 수 있다.

① 얼굴 전체를 베이비오일이나 로션으로 도포한 후 가볍게 쓰다듬기를 한다.

② 엄지손가락을 이용하여 이마 부위를 마사지한 후 눈 주위와 눈썹을 지나 코끝으로 크게 원을 그리면서 마사지한다.

③ 엄지손가락을 이용하여 볼 부위를 가볍게 문지른다.

④ 엄지와 검지손가락을 이용하여 입 주위를 마사지해준다.

⑤ 검지손가락으로 얼굴 전체를 쓰다듬은 후 볼 부위를 지그시 눌러준다.

⑥ 마지막으로 전체를 한 번 더 쓰다듬어 준다.

6) 전신스트레칭

가벼운 스트레칭 동작은 신체발육에도 많은 도움을 준다. 그러므로 마지막 단계에서는 전신스트레칭을 해준다. 적당한 발육과 성장을 위해서는 위해서 좌우 번갈아가며 똑같이 스트레칭 해준다.

① 양팔을 쓰다듬으며 좌우로 스트레칭 한다. 가슴과 등을 편안하게 해준다.

② 한손은 팔, 다른 한손은 발을 잡고 대각선으로 스트레칭 해준다. 기지개를 켜주면서 팔과 다리를 가볍고 지그시 눌러준다.

③ 두 다리를 동시에 주무르며 당겨준다.

④ 자전거 타듯 다리를 공중에서 올려준다.

BEAUTY MASSAGE THERAPY

CHAPTER 9

시아추(shiatsu)와 아유르베다

CHAPTER

9

시아추(shiatsu)와 아유르베다

1. 시아추 shiatsu

1) 개념과 정의

시아추는 '손가락으로 압력을 가한다'라는 뜻으로 일본인들의 전통적인 치료 기술을 말한다. 일본식 지압이라고 불리며 약 6세기경 승려에 의해 중국에서 전해져 일본의 마사지인 안마와 접목하여 현재 일본지압으로 전 세계에 알려져 있다.

시아추는 오일을 사용하지 않고 세포에 탄력을 넣어 근육을 풀어 주어 면역력과 자연치유력을 길러 주는 마사지 방법이라 하겠다. 또한 시아추는 특별한 재료나 기구 없이 시술이 가능하며 손의 압력만으로 에너지 불균형을 치유하고 생체리듬의 흐름을 원활히 하여 질병치유효과가 탁월한 요법이다. 진통작용과 각종호르몬 조절 및 강화효과 신경안정과 흥분억제 작용에 효과가 매우 좋다.

2) 시아추의 특징

시아추는 스포츠 마사지처럼 옷을 벗지 않고 받을 수 있어 오일을 싫어하는 고객들에게는 호응이 좋으며 시아추와 함께 발마사지나 스톤테라피 등을 함께 해주면 더욱 효과가 좋다. 또한 시아추테라피를 하기 전에 스파나 하이드로테라피를 한 후 관리하면 심신안정 및 긴장 완화에 효과적이다.

① 언제 어디든지 관리가 가능하다.
② 기계나 기구를 사용하지 않는다.
③ 안정적이다.
④ 경제적이다.
⑤ 질병예방에 탁월한 효과가 있다.
⑥ 자연치유력과 면역력을 제공해준다.

3) 시아추의 효과

① 지친 심신에 신경안정 작용
② 흥분작용 억제
③ 전신의 릴렉스효과
④ 세포의 활성화 작용
⑤ 신체의 에너지를 부여
⑥ 경직된 근육이완
⑦ 근육이완으로 통증감소
⑧ 두통이나 신경통에 효과
⑨ 균형잡힌 몸매유지

2. 아유르베다

1) 아유르베다(ayur-veda)란

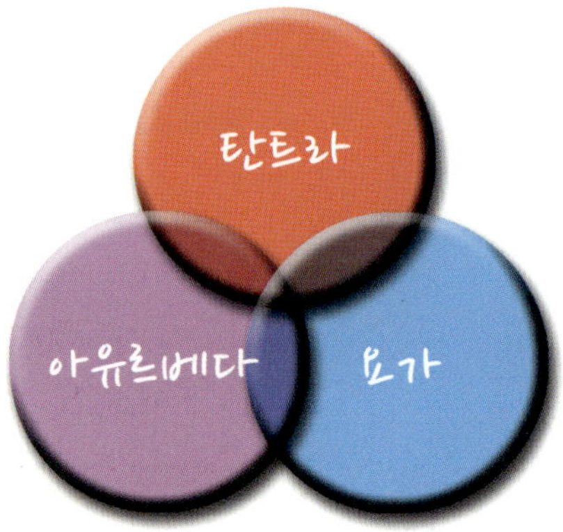

산스크리트어 ayurveda는 Ayura(생명, 생활)와 Veda(지식)를 합친 말로 생명지식, 생활지식, 생명과학, 생활과학, 생활의학 등을 의미한다. 아유르베다는 생명에 관한 의학적 지식, 수명과 장수의 원리를 다루는 것으로 5천년 이상 일상생활에서 활용되어온 인도의 전승의학(傳承醫學)을 말한다.

아유르베다와 한의학은 고대로부터 전해 내려오는 건강한 삶과 질병의 치료라는 두 가지 공통점을 가지고 있다.

기원전 3,000년 이전에 인간의 병을 치료하기 위해 신의 계시를 통해 베다라는 문헌으로 기록되어진 인도의 전통 의술로서, 이는 중국의 한방에서 각종 동식물을 약재로 사용하는 것과는 달리 오직 약초로서만 약을 만들도록 되어 있는 것이 특징이다.

먼저 아유르베다 마사지를 보면 인도의 전통의학으로서 생명과학을 뜻하며 인간의 구조가 우주의 5요소인 에테르, 공기, 불, 물, 땅으로 인체가 구성되어 있으며 5요소 중에 두 요소씩 결합하여 비타(공(空), 풍(風)), 피타(화(火), 목(木)), 카파(수(水), 지(地))의 3도샤라고 하는 3체질로 나눠진다고 하였다.

바타, 피타, 카파라고 불리는 세 가지 도샤에 의해서 지배를 받는 아유르베다는 신체 불균형의 원인을 파악하고 그 원인을 제거하는 지극히 단순하고 합리적인 치료원칙으로 건강한 사람은 건강을 계속 유지하도록 도와주며 병든 사람은 건강을 회복할 후 있도록 도와준다.

사상의학의 태음, 소음, 태양, 소양의 네 가지 체질과 아유르베다의 바타, 피타, 카파의 세가지 타입으로 개인 체질을 구분하여 질병의 원인을 규명하고 치료에 적용하는 점에서 상당한 공통점을 갖고 있다.

한편 양자의 큰 차이점은 한의학의 경우 장부(臟腑)의 대소(大小)에 따라 사람의 체질이 결정되기 때문에 진단의 문제도 장부에 근거한 체계에 의하여 이루어 지지만 아유르베다는 세 가지 도샤의 성분에 따른 체질에 바탕을 둔 것으로 마음과 몸과 정신을 총체로 한 진단 기법을 이용하고 있다는 점이다.

한의학에서 우주를 목(木), 화(火), 토(土), 금(金), 수(水) 다섯 가지 요소의 상호 관계로 보는 것과 같이 아유르베다 의학에서도 우주를 에테르(ether), 지(地), 수(水), 화(火), 풍(風)의 다섯 가지 요소로 해석하는 점도 유사한 점으로 꼽을 수 있다.

아유르베다는 인간과 우주에 관한 철학, 자연을 있는 모든 그대로를 받아들이는 자연주의(自然主義) 철학을 중심으로 수많은 허브와 오일들을 전통방식 그대로 만들어 질병치료를 위해 사용하고 있으며, 각 개인의 체질에 따르는 특성과 체내 에너지의 균형을 유지하는 것으로 질병에 효과적으로 대처할 수 있는 방법이라는 가장 기본적인 전제로 모든 사람은 자신의 질병을 스스로 치유할 수 있는 능력이 있음을 알게 해준다.

이것은 현대의학에서 해결하지 못하는 여러 종류의 만성질환을 근본적으로 치유하고 있으므로 사람이 자연의 한 부분으로 몸과 마음이 자연과 조화롭게 잘 이루어지는, 건강과 행복이 경지에 이르는 것을 말한다.

(1) 아유르베다의 특징 및 인간의 잠재능력

아유르베다는 우주와 인간(소우주, 대우주의 자식)을 상호연관(분리될 수 없음, 개체령-우주령, 개체의식-우주의식, 에너지-물질)지어 고찰하는 의학체계로서, 인간의 4가지 생물적 영적본능(종교적, 경제적, 생식적, 자유를 향한 본능)충족의 필요조건은 균형 있는 건강이라 말하고 있다.

의학적이면서 형이상학적인 일상과학, 모든 치료요법의 모체, 인간의 행복과 건강과 창조적 성장을 위해 고안되었다고 한다. 아유르베다의 가장 기본적 전제는 아유르베다를 연구함으로써 스스로 자신을 치유할 수 있는 지식을 얻게 되어 체내 모든 에너지간의 균형을 유지 하는 것이라 말하고 있다.(모든 인간은 스스로 자신의 질병을 치유할 수 있는 능력을 갖고 있다.)

(2) 아유르베다, 요가, 탄트라

① 아유르베다 : 기초, 생활의 과학, 요가와 탄트라 수행을 잘하기 위해 아유르베다를 우선 이해하고 실천할 필요가 있음
② 요가 : 몸. 신성, 진리와의 결합을 가르침
③ 탄트라 : 머리. 진리와의 결합을 가능하게 하는 에너지 조절에 대한 직접적 방법 제시

상호의존적인 삼위일체의 관계, 세 가르침의 목적은 인간으로 하여금 활력을 얻고 수명을 연장하며, 결국 깨달음에 이르도록 하려는데 있음

(3) 아유르베다와 서양

① 동양 : 수용, 관찰, 체험 - 주관성, 주관성과 객관성의 분리를 초월

② 서양 : 의문, 분석, 논리적 추론 - 객관성, 개체성을 일반화시키고 몇 가지 범주로 구분하려는 경향을 가짐

아유르베다 : 인간을 우주와의 상호관계 속에서 보는 과학이며, 다양한 요인들이 총체적으로 설명되어 있는 과학

(4) 아유르베다의 기본개념과 연관관계

① 연관 의학 분야 : 소아과, 부인과, 산과, 안과, 이비인후과, 내과, 외과, 노인병과

② 5가지 요소 : 에테르(ether 空) 공기(air 風) 물(water 水) 불(fire 火) 흙(earth 地)

③ 3가지 성분 : 바타(vata), 피타(pitta), 카파(kapha)

④ 3가지 배설물 : 소변, 대변, 땀

⑤ 7가지 육체조직 : 라사(rasa), 락타(rakta), 맘사(mamsa), 메다(meda), 아스티(asthi), 마자(majla), 슈크라 & 아르타브(shukra & artav)

⑥ 3요소 : 육체(身), 마음(心), 영성(靈)

(5) 아유르베다의 4가지 자유 본능

아유르베다에서는 모든 인간은 '종교적 본능', '경제적 본능', '생식적 본능', '자유를 향한 본능'의 4가지 생물적 또는 영적인 본능을 가지고 있으며 이러한 본능들을 충족시키기 위해서는 균형 있는 건강이 필요하다는 것을 강조한다.

① 쇼단(Shodan) : 청소와 독소의 제거(Cleansing and Detoxification)

② 샤만(Shaman) : 완화(Palliation)

③ 라사이아나(Rasayana) : 원기의 회복(Rejuvenation)

④ 사트바자야(Satvajaya) : 정신 위생과 영혼의 회복(Mental hygiene and Spiritual healing)

2) 아유르베다 의학

아유르베다 의학은 체질(metabolic body type 즉 인도어로 'dosha') 이론에 바탕을 두고 있다. 인간을 하나의 작은 우주로 보고, 5가지 요소(에테르(허공), 흙, 물, 불, 공기)로 구성되어 있다고 해석하며, 이 구성요소에 따라 바타(vata), 피타(pita), 카파(kapha)의 세 가지 타입으로 체질을구분하며 이 체질에 맞는

치료법이 적용된다.

세 종류의 체질 [바타(Vata), 피타(Pitta), 카파(Kapha)]는 서양의 체형 분류인 마른 체형, 비만한 체형, 근육질의 체형과 같은 개념을 포함하고 있지만 아유르베다에서는 개개인의 외모 뿐만 아니라 건강에 많은 일익을 담당하고 있다고 믿고 있다. 아유르베다 의학에서 말하는 체질은 개인 내부의 모든 것을 보여 주는 설계도와 같은 것이라고 말한다. 한 사람의 체질과 그것을 보여 주는 특징들은 왜 어떤 사람은 우유나 매운 향료, 시끄러운 소리와 습한 기후를 잘 견딜 수 있고, 어떤 사람은 이러한 것들을 못 참는지 말해 준다. 대부분의 사람들은 여러 체질이 복합적으로 나타나기도 하며(예를 들면 '바타'와 '피타'가 섞여 있다.)

둘 중의 한 체질이 더 우세하게 나타나기도 한다. 각 체질들은 특정한 식이 요법, 운동 요법과 생활 양식에 따라서 더 잘 나타나기도 한다.

아유르베다에 있는 특별한 형태의 급진적인 정화 요법으로 몸에서 과도한 도사들을 영구히 배출시킬 수 있는 가장 좋은 방법이다. 판차는 '다섯'을 카르마는 '행위, 과정'을 의미한다.

빤차까르마는 몸 안에 쌓여 있는 톡신들을 몸 밖으로 배출시켜 신체를 정화시켜주는 치유법이다. 아유르베다에는 두 가지 치료법이 있는데 하나는 약을 사용하는 방법이고 다른 하나는 빤차까르마를 하는 것이다. 빤차까르마에는 Abhyang-오일마사지와 시로다라(Shirodhara)를 포함해서 다섯 가지가 있다.

마사지를 오일목욕이라고도 할 만큼 사용되는 양이 많으며 따뜻하게 데워서 부드럽게 마사지 한다.

지나치게 강한 도샤는 약화시키고 약한 도샤는 강하게 해주어 신체와 심리에 균형을 잡아주며 인체를 정화시키는 목적이 있다. 개인의 체질과 질병 상태에 따른 일정한 음식물의 섭생법과 더불어, 오일 마사지, 발한 요법, 광장제, 하제, 그리고 상세한 순서에 따른 구토제 이용법이 포함된다.

빤차까르마의 다섯 가지 방법	
1. 바마나	쿠토를 촉진하는 허브
2. 비레차나	변을 잘 통하게 하는 허브
3. 아스타파나 바스티	약용 탕약 관장제
4. 아누바사나 바스티	약용 오일 관장제
5. 나시야	코로 약물 흡입

3. 나시야 코로 약물 흡입

(1) 판차 카르마의 작용

판차 카르마는 쓸모없는 물질을 배출시키는 신체의 자연적인 방법을 증진시킨다. 이 기법들은 관련된 점막 부위들에서 보다 나은 분비와 흡수의 단계들을 이용하기 위해 고안되었다. 구토를 촉진하는 허브에 의한 카파의 제거는 물, 전해액, 혈장, 점액, 지방을 담고 있는 영양 조직액의 울혈에 영향을 미친다.

변통에 의한 피타의 제거는 몸의 전체적인 혈색의 재료, 특히 혈액과 담즙에 간접적인 영향을 미친다.

약용관장인 바스티는 과도한 바타를 제거하기 위한 따뜻한 유산화 오일 물질을 포함한다. 대장의 막과 접촉하는 동안 오일은 끈적끈적한 고체 배설 물질의 층들을 분리시키고 흡수를 더 강화시킴으로써 결국엔 모든 조직에 영양을 공급한다. 코에 투약하는 니시야는 비강을 깨끗이 청소하고, 뇌와 감각기관의 기능을 향상시킨다.

(2) 판차 카르마의 목적

① 건강유지

판차 카르마는 대부분의 사람들에게 규칙적인 계절별 양생법의 일부로 권장된다. 도샤들은 계절의 변화 때문에 자연스럽게 축적되며, 제거되지 않으면 질병을 일으킬 수 있다.

② 질병치료

급성 질병에서는 도샤들이 적절한 때에 제거되면 질병의 공격을 즉시 막을 수 있고, 만성질병에서는 독소와 과잉도샤들을 제거하여 다른 치료가 효과적으로 적용되도록 한다.

③ 회춘을 위한 준비, 정력강화 요법

(3) 판차 카르마의 주요 방법 (프라나 카르마)

① 바마나 (치료 구토)

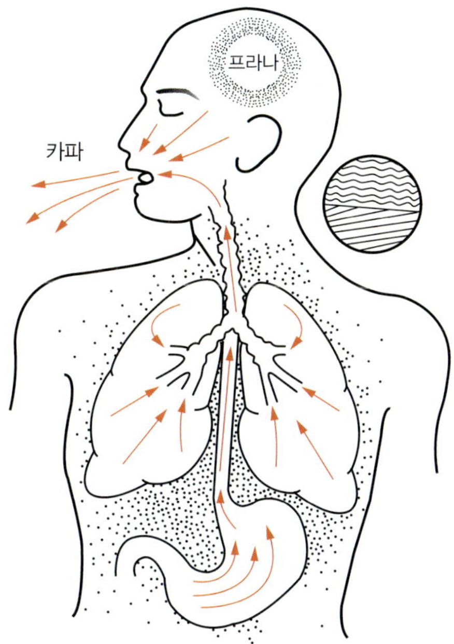

과잉 카파를 위장으로부터 입을 통해 제거함으로써 몸에서 배출시킨다. 바마나를 위해 이용되는 허브는 구토제 너트 씨앗으로 창포, 감초와 섞어서 사용한다.

㉠ 적용 질환 : 기침, 천식, 되풀이 되는 감기, 호흡 곤란, 비만, 메스꺼움, 식욕 상실, 소화 불량 같은 카파 지배적인 질병, 통로들을 차단하고 있는 카파에 의해 야기되는 간질 같은 신경질환에 필요하다.

㉡ 금기 질환 : 어린이, 노약자, 아주 약한 환자, 위궤양, 허파 외상, 심장병, 복부 종양이 있는 사람들에게 금지된다.

㉢ 절차

ⓐ 예비치료를 한다.

ⓑ 낮은 걸상에 앉아 몸을 깨끗한 수건으로 덮은 뒤 따뜻한 감초차 1~3리터를 마신다.

ⓒ 구토를 일으키는 약을 꿀과 함께 복용한다.

ⓓ 구토한다.(카파 → 피타)

ⓔ 깨끗이 씻고 휴식한 후 연기를 흡입한다.

② **비레차나** (변통)

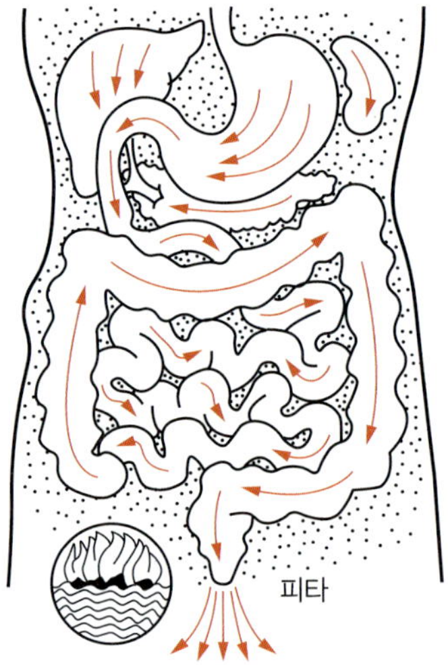

장을 비우는 데 강력하게 작용하는 허브(하제)를 이용하는 것으로 주로 과잉 피타의 배출을 위해 이용되며, 카파를 없애는 데도 도움이 된다. 비레차나는 바마나를 하고 난 지 3일 뒤에 할 수 있지만, 바마나가 필요치 않으면 곧바로 할 수 있다.

㉠ 적용질환 : 피부병, 만성 열병, 간과 비장의 확대, 황달, 단독, 유독한 혈액으로 인한분비선 부종, 구내염, 설염, 위산과다 등 높은 피타로 인한 갖가지 혈액 질병에 필요하다.

㉡ 금기질환 : 노약자, 직장을 통한 출혈, 대장 궤양, 항문 도관 균열, 설사, 이질 등이 있을 때 금지된다.

㉢ 절차

ⓐ 일출 후 4~6시간 뒤 변통약을 마신다.

ⓑ 배설한다.(액체 배설물과 소변 → 카파 → 피타)

ⓒ 휴식 후 가벼운 음식을 섭취한다.

③ **바스티** (약용 관장)

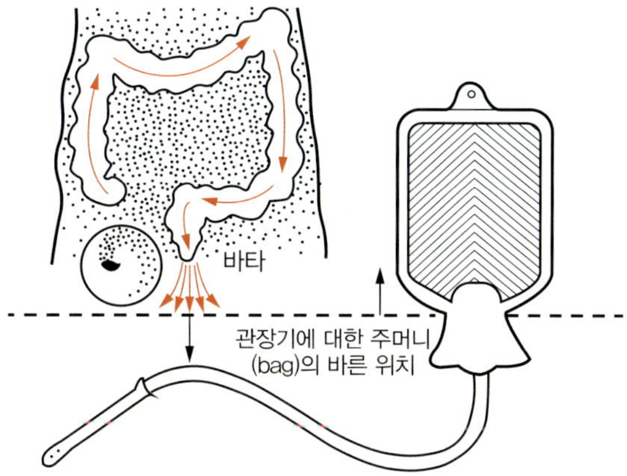

과잉 비타가 적절한 준비 요법들에 의해 대장으로 돌려보내졌을 경우, 이를 배출하기 위한 요법이다. 아 절차에서는 관장 주머니를 이용해 약용 오일과 달인 즙을 대장으로 주입한다.

㉠ 관장제의 종류와 효능 및 효과

ⓐ 기름 : 반잔에서 한 잔 정도의 따뜻한 참기름을 사용한다.

ⓑ 달인 즙 : 반잔의 따뜻한 참기름에 반잔의 적설초 달인 즙을 섞어 사용한다.

ⓒ 고영양품 : 따뜻한 우유 한 잔, 고기국물 한 잔, 골수가 들어있는 뼈를 삶은 국물한 잔을 이용한다.

㉡ 적용질환

ⓐ 니루하 관장 : 통로의 장애로 인한 바타 질병들에 필요하다. 복부, 가슴, 골반 영역, 눈, 귀, 다리의 통증, 두통, 심장 통증, 반신불수, 안면 마비 등 통증 상태들로 이루어진다.

ⓑ 아누바사나 관장 : 신경 쇠약, 성적 무기력, 만성 저체중 상태 등 조직 손실에 기인한 바타 질병에 이용된다.

㉢ 금기질환

ⓐ 니루하 관장 : 소화 불량, 장의 폐색이나 관통, 노약자, 위장관의 독소, 설사, 구토의 경우 금지된다.

ⓑ 아누바사나 관장 : 치질, 위장관의 과도한 카파, 약한 소화력과 복수가 있는 사람들에게는 금지된다.

관장(灌腸)요법

이러한 관장제를 사용했을 경우 변비증, 팽창증, 등 아래의 통증, 류머티즘, 통풍, 좌골신경통, 관절염, 신경질환, 바타성 두통, 근위축증, 체중 감소 등에 효과를 볼 수 있다.

④ **나시야** (코의 약물 치료)

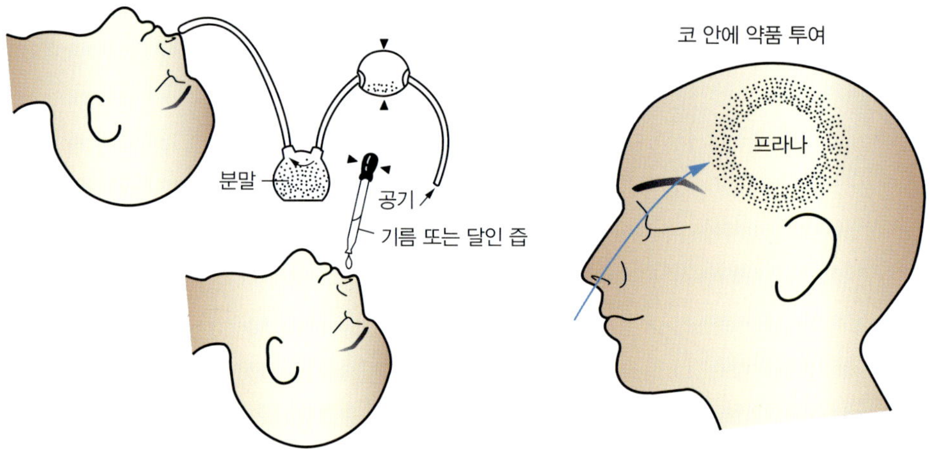

코의 통로는 마음과 감각의 관문이며, 프라나가 호흡 과정에서 흡수되는 첫 장소이다.

코 통로의 바른 작용은 마음과 감각을 명쾌하게 하고 영민하게 유지하기 위해 필요하다. 니시야는 질병의 주요 원인 가운데 하나인, 마음과 감각의 잘못된 사용으로 형성된 독소를 없앰으로써 코의 통로를 깨끗이 할 수 있도록 돕는다. 약용 오일이나 분말이 코를 통해 투약되고, 머리와 목의 쇄골 영역에 축척된 도샤들이 코를 통해 배출된다.

㉠ 적용질환

ⓐ 액체 나시야 : 머리, 귀, 눈, 코의 모든 바타 원인 질병에 필요한 경감 유형의 나시야이다. 입병, 탈모, 목의 건조에도 유용하다.

ⓑ 건식 나시야 : 부비강염, 머리의 무거움, 간질, 목소리 상실의 경우처럼 머리에서 카파를 배출시켜야 하는 질병에 필요한 정화 유형의 나시야이다.

㉡ 절차

ⓐ 치아와 입을 닦는다.

ⓑ 찬차구나 또는 발라 오일을 이마와 얼굴에 바르고 따뜻한 찜질을 한다.

ⓒ 머리, 목구멍, 뺨의 앞부분에 가벼운 마사지를 한다.

ⓓ 약용 오일을 콧구멍에 넣는다.

ⓔ 이마, 뺨, 목구멍에 순한 찜질과 마사지를 해서 환자를 진정시킨다.

ⓕ 오일을 제거하고, 뜨거운 물로 양치한 후 약용연기를 흡입한다.

⑤ **락타모샤** (치료 방혈)

불순한 혈액을 제거하는 요법으로 피타가 악화되어 통상적인 약으로 치료될 수 없을 때 유용하다.

㉠ 날카로운 도구를 이용하는 유형 : 프리차나, 사라비야다

㉡ 무딘 도구를 이용하는 유형 : 거머리 등을 이용

오일을 특정한 시간 동안 이마와 마르마 포인트에 지속적으로 떨어뜨려주는 테라피이다. 불면증 해소, 히스테리 · 불안 · 분노 해소, 기억력 · 집중력증가, 두통 · 만성 편두통 해소, 숙면, 탈모 방지, 귀 · 눈 질환 치료에 효과적이다.

⑥ **시로다라**

시로다라 마사지에 대한 논문을 살펴보면, 시로다라 마사지가 스트레스 효과에 도움이 되는가를 실험하기 위해 가장 스트레스를 많이 받는 40대 직장인을 상대로 3개월간 시로다라 마사지를 아유르베다 오일을 이용한 실험자들과 일반 베이스 오일을 이용하여 실험한 결과 둘 다 효과를 얻긴 했지만 시로다라를 이용한 마사지가 더 스트레스를 해소하는데 도움을 주었다.

3) 아유르베다를 주목해야 하는 이유

아유르베다는 의학적 측면 이외에도 명상, 수련, 피부 관리 등 다양한 분야에 적용 할 수 있는 전통 의학으로써 한의학과 마찬가지로 나름대로의 의학적 이론과 치료술이 비교적 잘 정립되어 있다. 아유르베다는 개인을 총체적으로 돌보며, 병에 걸리기 전에 치료를 하는 의학인 동시에 요가, 음식, 호흡 훈련, 식물, 마사지, 명상 등과 같이 건강관리와 함께 몸매와 아름다움을 유지하게 해주는 독특한 방법이다.

하나로 체계된 이론을 통해, 질병 개선은 물론 정신 수양과 아름다움, 더 나아가 장수의 비결이라 일컬어지는 의학을 통해 육체적 · 정신적 안정을 이루는데 있어서는 단연 으뜸이라 사료된다. 이에 우리는 이들 중에서 우리에게 필요한 요소를 접목시킴으로써 좀 더 세계적이고 과학적인 미용 기술을 확립해야 한다.

4) 아유르베다를 통한 체질 분석

(1) 각 체질의 특성

바타(vata:風) 체질	피타(pita:熱) 체질	카파(kapha:冷) 체질
• 마른체형	• 중간 정도의 체형	• 뚱뚱한 체형
• 두드러지는 외모와 관절	• 옅은색의 가는 머리카락	• 두꺼운 곱슬머리
• 마른피부	• 따뜻하고, 땀이 많이 나는 피부	• 시원하고 두껍고, 창백한 지성피부
• 행동이 과장됨	• 명령조, 유능함	• 느리고 우아하다.
• 감정의 변화가 심함	• 긴장감이 있음	• 긴장을 하지 않는다.
• 마음대로 먹고 잠	• 성격이 급함	• 화를 잘 내지 않는다.
• 상상력이 풍부함	• 식사를 거르는 적이 없음	• 천천히 먹는다.
• 신경증	• 계획을 정해놓고 그대로 산다.	• 오래, 깊게 잔다.
• 변비	• 총명하다	• 사랑이 많다.
• 의욕이 넘침	• 궤양, 가슴앓이	• 비만증
• 직감이 뛰어남	• 치질	• 알레르기, 부비동염
• 배앓이	• 따뜻하고 정이 많다.	• 용서를 잘하고, 잘 견딘다.
• 불안증	• 감정이 풍부하다.	• 감정이 풍부하다.
	• 여드름	• 고 콜레스테롤
	• 혈증	• 완벽주의자 천연함

(2) 각 체질과 건강

한 사람의 체질이 가장 두드러진 체질에 의해 결정이 되기는 하지만, 세 가지의 체질 모두한 사람에 모든 세포, 조직, 기관에 있다. 뉴멕시코의 아유르베다 의학 연구소의 연구원인 Vasant Lad, M.A.Sc에 의하면 각 체질은 서로 인체의 일정 부분에 위치하고 있다고 한다.

① 바타

신체가 활동하고 숨을 쉬고 혈류가 돌게끔 하는 에너지이다. 대장, 골반강 내, 뼈, 피부, 귀와 허벅지에 위치한다.

② 피타

대사에 관계한다. 우리 몸에서 음식, 공기와 물이 대사되게 한다. 우리 몸에 있는 수백가지의 효소들을 충전하는 역할을 한다. 소장, 위, 땀샘, 혈액, 피부, 눈에 위치한다.

③ 카파

우리 신체를 하나로 구성하고 있는 뼈와 근육과 지방으로 영양을 공급하고 보호 기능을 준다. 가슴, 폐, 뇌척수액에 위치한다. 개인의 각 체질 구성요소들이 균형을 잡고 있다면 아주 건강하고 에너지가 넘치게 된다. 하지만 이러한 미묘한 균형이 깨지면 우리 몸은 외부의 스트레스 인자에 감수성이 높아지게 된다. 이 체질 구성요소의 불균형은 우리 몸에 이상이 있다는 첫 신호이다. 일단 자신의 체질을 잘 이해하고 나면 이의 균형을 회복하기 위하여 적절한 조치를 취할 수 있다. 예를 들어서 식이요법의 변화, 환경의 변화 등이 체질의 균형을 잡아서 건강한 삶을 계속 유지하도록 해줄 수 있는 것이다.

(3) 아유르베다 의학에 따른 질병

아유르베다 의학에서는 신체와 정신, 영혼의 균형과 세 가지의 체질의 균형을 '건강'이라고 정의한다. 아유르베다 의학에 의하면 이 균형을 깨뜨리는 것에는 7가지 중요한 원인이 있다. 유전적, 선천적, 내부의 상해, 외부의 상해, 계절적, 자연의 관습이나 버릇, 자석이나 전자의 영향이다. 질병이라는 것은 우리의 생리적인 에너지의 흐름을 방해해서 발생하는 것이다. 우리가 자연의 법칙을 거스르고 이 에너지의 흐름을 방해하는 것을 물리치지 못하면 질병이 생기는 것이다.

① 유전적, 선천적 요인

예를 들어서 어떤 환경에 처해졌을 때, 감수성이 있는 사람이라면 주변의 환경 때문에 질병이 생길 수 있다. 이러한 유전적 감수성은 자궁 안에 있을 때의 엄마의 식사, 생활요법, 버릇, 활동과 감정에 좌우된다. 이에 따라서 개개인은 일정한 버릇(예를 들면 과식이나 흡연과 같은)을 가질 감수성이 높아진다.

② 내부와 외부의 요인

맵고 향료가 강한 음식은 궤양을 유발하거나 간을 손상시킬 수 있다. 질병은 해소되지 않은 분노, 공포, 불안, 절망, 슬픔과 같은 정신적인 요인에 의해서도 올 수 있다. 외부에서 오는 상해도 물론 큰 영향을 줄 수 있다.

③ 계절과 하루 중의 시간대의 영향

이 때문에 식사 요법이나 생활 양식의 변화 요법이 종종 처방된다. 여름이 피타 계절이라는 것은 이때에 피타 기질이 가장 왕성하다는 뜻이다. 여름의 강렬한 태양과 열은 피타인들에게 두드러기, 여드름, 담도계 질환, 설사, 결막염 등을 유발할 수 있다. 바타 계절은 시원하고 바람이 부는 건조한 가을이다. 이러한 가을의 성향과 마찬가지로 바타인들은 변비, 신경통, 관절염, 류마티스 질환과 같은 신경계, 근육계, 류마티스계의 문제들이 생긴다. 겨울의 춥고 얼듯한 날씨는 카파 체질과 유사하다. 카파계인 호흡 기계에는 감기, 알레르기성 호흡 질환, 기힘, 재채기, 부비동염 등이 호발한다. 봄은 피타와 카파의 계절이며, 초봄은 카파 기질을 더 활발해지게 한다. 늦봄에는 피타가 활동한다.

(4) 아유르베다를 통한 체질 감별법

① 활동적인 바타(vata)체질

바타(vata)는 움직임의 성격이 강하다. 쾌활하고 낙천적인 성격, 때로는 침착하지 못하고 충동적이며 주의가 산만해 보이기도 한다. 신체적인 발달은 미숙한 편. 가슴도 밋밋하고 체격이 약하며 키가 지나치게 크거나 작다. 얼굴빛은 갈색이고 피부가 차고 거칠어 건조한 겨울에는 쉽게 갈라진다. 피로를 심하게 느끼고, 장에 가스가 차며, 생리통, 고혈압, 관절염 등에 시달리기 쉬운 체질. 충분한 휴식과 명상 등을 활용해 마음을 정화해주는 것이 우선이다.

② 불같은 피타 pitta 체질

피타(pitta)는 '불'이라는 뜻이다. 피타 체질의 사람들은 기쁨이 넘치고 의협심이 강하고 지적인 성격이 강하다. 참을성이 부족해 쉽게 화를 내며 난폭한 행동을 하기도 한다. 덕분에 머리카락이 일찍 세거나 빠지는 편이며, 물론 건강면에서도 피부염, 갈증, 호흡불량, 위궤양, 스트레스성 심장질환이 나타나기 쉽다. 스트레스를 먹는 것으로 푸는 습관이 있다면 비만으로 이어질 위험이 높다. 절제와 냉각(冷却)화와 자극의 방지 등의 방법을 통하여 치료한다.

③ 차분한 카파 (kapha)

카파(kapha)는 생물학적인 '물'을 의미한다. 카파 체질은 차분하고 너그러우며 관대한 성격이 특징이다. 무기력하고 특정 사물에 대한 집착, 탐욕, 고집, 지나친 소유욕 등을 보이기도 한다. 이런 특징이 식탐으로 이어져 비만이 되기 쉽다. 피부층이 두껍고 근육이 잘 발달한 이들의 피부는 부드럽고 광택이 나고 윤기가 있으나 차갑고 창백하다. 추위에 약하고 축농증, 감기, 알레르기 질환에 잘 걸리는데 자극(刺戟)을 주는 치료법으로 규칙적인 운동이나 명상 다양한 경험 등을 치료에 활용한다.

(5) 체질(타입)에 따른 관리 방법

① 바타체질

㉠ 원소 : 공기와 에테르

㉡ 특징 : 팔다리가 유난히 길고 가늘며 심하게 마를 수 있다. 명랑하고 낙천적인 성격. 예민하고 약한 피부, 민감한 머리카락을 가졌다.

㉢ 취약점 : 피부가 건조하고, 주름과 갈색 반점이 잘 생긴다. 손톱이 부서지고 머리카락이 윤기 없이 갈라지는 경향이 있다. 운동 근육을 발달시키는 운동을 하는 것이 좋다. 헬스, 요가, 수영 등이 적합하다.

㉣ 식이요법 : 먹어도 살이 찌지 않는 편이나 혈액순환이 느려 추위를 느끼기 쉽고 폭식을 할 우려가 있다. 단백질이 풍부한 음식을 먹고 규칙적인 식사를 하는 것이 중요하다. 기름진 음식이 도움이 된다.

㉤ 피부 : 건성 피부가 많고, 특히 피부 건조로 인해 생기는 잔주름을 제대로 관리하지 않으면 나이 들어 보이기 쉽다. 물을 많이 마시고 수분 보습제를 자주 바르는 습관을 기르는 것이 좋다.

㉥ 피해야 할 것 : 추위, 스트레스, 수면 부족, 자극적이고 씁쓸하거나 익히지 않은 날로된 음식들

㉦ 좋은 것 : 될 수 있으면 뜨겁고 영양이 풍부한 음식과 음료를 규칙적으로 먹을 것. 참깨 오일, 아몬드나 올리브 오일로 자주 마사지할 것.

㉧ 향신료 : 생강, 계피, 커민(미나리과)

㉨ 에센스 : 장미, 자스민, 라벤더, 일랑일랑

㉩ 관리방법 : 공간과 공기가 주관하는 체질이므로 피부 또한 공기가 주관하게 된다. 다른 타입에 비해 비타 체질은 피부의 가장 큰 문제점이 바로 건조함이라고 할 수 있다.

이것은 노화의 주범이 되기 때문에 항상 피부가 건조해지지 않도록 케어 중심의 관리가 필요하다.

피부는 얇고 건조하기 때문에 잡티, 기미, 주근깨, 잔주름이 많이 생기는 것이 특징, 다른 피부에 비해 피부표면에 각질이 많이 쌓여 있어 피부가 칙칙하고 얼룩지게 보이게 한다. 일주일에 한 번은 스크러빙을 해서 혈액순환을 돕고 피부의 색깔을 밝게 해준다. 이 경우 아주 미세한 분말로 된 스크럽제를 선택하여 사용한다. 또 벗겨내는 방식의 마스크는 사용하지 않는 것이 좋고 물로 씻어내는 것을 사용한다. 가장 좋은 오일은 카스토로 오일인데, 이것을 올리브 오일에 섞어서 마사지를 해주게 되면 아주 효과적이다. 건조함도 개선되고, 피부가 얇기 때문에 쉽게 생기게 되는 잡티도 제거해 줄 수 있다.

② 피타 체질

㉠ 원소 : 불과 물

㉡ 특징 : 적당한 체격의 소유자로 체지방도 낮은 편이다. 얼굴색이 환하고 머리카락에 윤기가 흐른다. 역동적이고 정열적인 성격으로 카리스마가 강하다. 그러나 밸런스가 깨지면 화를 잘 내고 비판적이며, 지나친 완벽주의자가 될 수 있다.

㉢ 운동 : 신나고 즐겁게 할 수 있는 운동이나 조깅, 사이클 등 승부욕을 자극하지 않는 개별 운동이 좋다.

㉣ 식이요법 : 탄수화물, 과일, 야채를 골고루 섭취하고 끼니를 거르지 않는 것이 중요하다. 특히 스트레스성 폭식을 주의하고 맵고 짠 음식은 절대 금한다.

㉤ 피부 : 부드럽고 따뜻한 편이지만 스트레스를 받으면 얼굴이 붉어지기 쉽다. 표정이 얼굴에 그대로 드러나며 쉽게 화를 내는 타입이므로 표정 주름이 생기지 않도록 주의한다.

㉥ 취약점 : 얼굴이나 코가 잘 붉어지고 염증과 알레르기 반응을 잘 일으킨다. 일찍부터 머리가 하얗게 세고 잘 빠지며, 땀을 많이 흘리는 경향이 있다.

㉦ 피해야 할 것 : 더위, 담배, 알코올, 탄산음료, 너무 짜거나 맵거나 신 음식, 신맛이 나는 유제품, 자두

㉧ 좋은 것 : 시원하게 해주는 음식, 코코넛 오일이나 해바라기 오일을 이용한 마사지

㉨ 향신료 : 생강, 고수, 샤프란

㉩ 에센스 : 장미, 백단, 라벤더, 레몬, 베이질

㉪ 관리방법 : 주로 불이 주관하기 때문에 피부에 열이 많고 붉은 색을 띠며, 지나치게 열이 많기 때문에 여드름이나 피부 트러블이 생기기 쉽기 때문에 세심한 관리가 필요하다. 따라서 관리방법 또한 열을 이용하기보다는 열을 빼앗는, 얼음팩과 같이 시원한 재료로 우선 열을 식혀주는 것이 좋다.

③ 카파 체질

㉠ 원소 : 불과 물

㉡ 특징 : 골격이 튼튼하고 살이 찐 편이다. 엉덩이나 허벅지가 두꺼운 편, 체중이 잘 늘어나고 하체 비만이 많다. 피부가 강하며, 머리카락이 두껍고 윤기있다. 차분하고 너그러우며 관대한 성격이지만, 쉽게 우울해지고 밸런스가 깨지면 무기력해지고 처진다. 게으름을 경계할 것

㉢ 운동 : 몸매를 유연하게 가꾸어 주는 스트레칭이나 조깅은 살을 빼는데 도움이 된다.

㉣ 식이요법 : 탄수화물이나 단백질이 들어간 음식은 신진대사를 저하시켜 하체에 지방을 축적시키기 쉽다. 배, 감, 건포도, 복숭아, 가지, 상추, 옥수수를 권한다.

㉤ 피부 : 매끄럽고 유연한 피부에 주름이 없는 편이지만 유분기가 많아 번들거릴 수 있다. 미네랄워터를 꾸준히 마시면 도움이 된다.

㉥ 취약점 : 살이 찌기 쉽고 피부에 유분이 많다. 머리에 비듬이 생기고 얼굴이 쉽게 창백해지는 경향이 있다.

㉦ 피해야 할 것 : 습기가 많은 날씨, 집안에 틀어박혀 지내거나 늘 앉아 지내는 생활, 차갑고 무거운 음식

㉧ 좋은 것 : 규칙적인 운동, 사우나, 오일을 사용하지 않는 마사지, 자극적이고 씁쓸하며 톡 쏘는 맛

㉨ 향신료 : 생각, 후추, 강황, 정향, 커민

㉩ 에센스 : 호호바, 민트, 베르가못, 로즈마리

㉪ 관리방법 : 물과 흙이 주관하는 체질이므로 피부가 두껍고 수분도 충분히 함유하고 있다. 문제는 이 피부 타입은 지나치게 오일이 많기 때문에 피부 트러블이 생기는 경우가 많다. 카파 타입의 피부는 여드름이 많이 나고 희고, 지성 피부를 가지고 있는 것이 특징이기 때문에, 피부의 피지와 노폐물을 꼼꼼히 제거해주는 것이 가장 효율적인 케어 방법이다. 다른 타입에 비해 스팀과 각질 제거를 자주 해주는 것이 좋다.

B E A U T Y

M A S S A G E

T H E R A P Y

CHAPTER 10

하와이안 로미로미

CHAPTER

10 하와이완 로미로미

1. 로미로미 마사지란

로미로미는 하와이의 전통 기법과 다양한 마사지 테라피 및 화산돌과 약초를 활용하여 이루어진다. 인체가 하와이 폭포와 파도에 조화를 이루도록 둔다는 뜻이다. 로미로미는 하와이언의 생활철학인 후나(HUNA)를 기본으로 한다. 후나는 삶에서 쉽게 보이지 않는 것을 찾는데 그 의미를 갖고 있다. 하와이안 전통 마사지로서 오일을 쓰지 않고 마사지하는 특징이 있다. 로미로미는 하와이 전통 피로법을 근간으로 가장 주된 테크닉은 마사지나, 다음 여섯 가지 내용과 함께 구성된다.

① 호흡 : 심신의 호흡을 통해서 에너지를 열어주며 공급하여 준다.

② 기도 : 자신의 마음가짐을 조절하는 기도이다.

③ 의식 : 자신의 내면의식을 육체의식의 조화로 만든다.

④ 믿음 : 고객과 관리사와의 교감과 믿는다.

⑤ 음악 : 자연의 요소이자 테라피의 중요한 요소이다.

⑥ 춤 : 의식에 가장 필요한 춤으로써 마사지를 깊게 할 수가 있다.

2. 로미로미 치료 마사지의 역사

고대 마사지 기법인 로미로미는 수백 년의 역사를 가지고 있다. 로미로미 테크닉은 카우나에 의해 전수 되었으며 선택받은 자라 불리는 치료사들에 의해 오늘날까지 내려져 왔다. 로미로미를 받기 위해 '최소한 옷을 적게 입고 바닥에 누워 시술을 한다. 건실한 원주민이 신선하며 부드럽고 온몸을 강한 손으로 특별하게 예술을 행하는 것과 같이 만질 것이다.'라 기록되어 있다. 이들은 수기만이 아닌 온돌을 이용하여 환자의 환부에 올려놓는 치료 또는 등과 같은 부위는 발로 밟아 마사지 하는 기법을 활용했으며 최면술을 이용해 인간의 내면적 질환까지 치료하기도 했다.

로미로미 마사지의 특징은 춤을 추듯 마사지를 하는 것이며 전문가들은 로미로미 치료 마사지가 이와 같은 특징을 갖게 된 배경으로 하와이완의 문화적 습관을 꼽고 있다. 예전에는 의식 중에 하나로 장시간, 또는 며칠 동안 춤을 추며 축제를 즐겼기 때문에 로미 마사지를 의식이나 시술자가 지치지 않도록 하고 즐겁게 하기 위해서였다.

시술자인 카후나들은 자연과 친밀한 관계를 유지해 정신적으로 힘든 피술자들의 신체 깊은 곳까지 춤, 소리 및 각종 의식 등을 전달해 행복한 삶으로 구원하는 역할을 담당했다. 로미로미는 삶의 근원인 에너지 흐름을 원활하게 함으로써 혈액과 림프순환, 독소제거, 활력 등의 효과를 주는 것으로 알려져 있다. 로미로미는 카후나이자 로미로미 창시자라고 불리는 마가렛 마차도가 전수하여 사랑의 손에 비교했으며 '애정 어린 치료야말로 병마로부터 건강을 되찾을 수 있다는 지름길이다.'라는 주장을 하며 로미로미의 근본적인 원리를 만들었으며 원활한 에너지의 흐름과 더불어 심신을 피로와 균형을 유지해 주는 기법이라 하겠다.

3. 로미로미 마사지의 효과

1) 전신을 감아도는 손은 마치 고운 실크가 스치는 듯하다. 광활한 치유의 향연을 연상시키듯이 손끝에서 발끝으로 이어지는 테라피스트의 움직임과 아무런 요동 없이 온몸을 내어 맡긴 고객의 소통은 가슴을 울리는 악기의 연주와 같은 느낌으로 심신을 안정시키고 마음을 전환시켜 준다.

2) 전 세계 5대 마사지 중 하나로써 하와이 마사지로 잘 알려진 로미로미는 대자연의 지혜와 같이 폴리네시안에서 전통적으로 내려오는 자연치유 마사지이다. 로미로미는 인간의 마음과 몸, 영혼의 마나(mana ; 자연계에 내재하며 그곳에서 발현하여 우주의 질서를 유지하는 초자연력)로써 고대 하와이의 개념이다.

전통적인 로미로미는 노폐물을 제거하여 산소와 영양분을 원활히 조직 내로 공급함으로써 혈액순환을 증진시킨다.
마사지는 미끄러지듯이 혹은 반죽하듯이 하는 스트록이 혼합되어 있어 근본적으로 순환계, 신경계, 근골격, 내장기관을 자극하며 스웨디시 마사지와 비슷한 효능을 나타낸다. 또한 로미로미는 다양한 마사지 오일을 사용하여 통증이 없이 부드러운 마사지를 한다. 동작은 경쾌하고 부드러우며 호흡은 깊고 태도에는 편안함과 안정감이 있다.

3) 양손이 동시에 이루어지는 기법인 스파 로미로미 마사지테크닉은 머리에서부터 발바닥 끝까지 손바닥에서 팔 전체를 끊어짐 없이 구사하는 것이 특징이며 춤추는 마사지로도 널리 알려져 있다.
하와이 로미로미 마사지의 전통의식에서 비롯된 마사지 전 테라피스트들의 호흡법과 춤추는 형태의 스트레칭, 호흡 요가동작은 스파 로미로미 마사지에서만 볼 수 있는 독특한 방식이다. 로미로미는 하와이의 전통 기법과 다양한 마사지 테라피 및 약초 화산돌을 활용하여 이루어진다. 긴장된 근육을 완화시키고 고통을 효과적으로 줄이며 신경과 감정을 완화시킨다. 또한 호흡과 마찬가지로 소화 기능을 돕고 피로 회복에 효과적이다.

BEAUTY MASSAGE THERAPY

CHAPTER 11

뱀부테라피

1. 뱀부(대나무)의 이해
2. 뱀부테라피(BAMBOO THERAPY)의 이해
3. 뱀부테라피(BAMBOO THERAPY) 수행하기

CHAPTER

11 뱀부테라피

1. 뱀부(대나무)의 이해

1) 뱀부의 성질

동양에서 대나무는 강인한 성격, 탄력성, 유연성, 정직함, 풍요로움, 젊음, 우정, 조화, 번영, 평화와 단순미를 상징하는 행운의 식물로 알려져 있다.

대나무는 벼과(Gramineae)에 속하는 식물로 한국, 중국, 일본 등 동남아시아에 주로 분포하는데, 한국에서는 약 70여 종이 자생하고, 전남(57%)과 경남(30%)에서 전체 대나무의 80~90%를 차지하며 솜대, 왕대(참죽), 오죽, 반죽, 섬대, 해상 죽(신우대), 맹종죽(죽순대), 조릿대, 갓대, 이대, 산죽 등 11종의 대표적인 품종이 자생하고 있다. 이와 같은 대나무는 세상에서 가장 빠르게 자라는 식물 중의 하나로 하루에 120㎝까지 자라는 대나무 품종도 있으며, 품종에 따라 대나무 대의 마디 사이가 비워져 있거나 채워져 있는 것, 풀처럼 바르게 자라거나, 휘어져 불규칙하게 또는 사람의 허벅지 두께만큼 두껍거나 연필처럼 가늘게 자라기도 한다.

대나무의 주요성분 및 효과를 살펴보면, 대나무는 아미노산과 지방산 그리고 무기성분이 다량 함유되어 있어 중풍, 심장질환, 파상풍, 발한, 해열, 이뇨, 혈당 등에 효과가 있는 것으로 잘 알려져 있다.

또한, 대나무는 이산화탄소 제거 능력이 소나무보다 3~4배가 뛰어난 공기 정화 식물로서 음이온을 발생시켜 활성산소 중화, 혈액 흐름 개선, 면역력을 증가시키며, 바이오플라보노이드 성분은 산화 방지제 및 소염제 성분을 가지고 있다.

이외에 우리나라에서는 예전부터 대나무는 사기를 물리치는 기능이 있는 것으로 보아 신체의 탁기를 물리치는데 사용하였고, 대나무는 뿌리에서부터 잎까지 약용으로서 활용도가 높다고 하였다. 대나무에 대한 고대 문헌인 신농본초경(神農本草經)에는 댓잎은 맛이 쓰고 성질이 차서 해소와 상기, 종양, 해열, 상충에 효과가 되어있다고 하였고, 허준의 동의보감에는 죽력이 뇌졸중과 심신 안정에 탁월한 효능이 있다고 기록되어 있다.

2) 뱀부(대나무)의 특성

일반적인 나무들은 섬유질인 리그닌(lignin)으로 구성되어 있지만, 대나무는 일반적인 나무보다 약 10배 정도 많은 섬유질인 리그닌 성분과 대나무의 외피를 덮고 있는 실리카(Silica) 성분으로 구성되어 있으며, 이로 인해 단단하고 탄력 있으며 가벼우면서 곧게 자라는 특성이 있다. 또한, 대나무 외피의 실리카는 수정 결정과 유사한 크리스탈 매트릭스를 만들어 압력에 의해서 활성화되는 압전기(Piezoelectricity)를 발생시켜 근막에 작용하고, 열을 가했을 때는 초전기(Pyroelectricity)를 발생시켜 뼈와 힘줄에 작용하게 한다. 또한, 대나무에서 발생하는 음이온은 공기를 정화하고 혈액을 맑게 하며 면역력과 저항력을 증가시키고, 대나무의 두드림의 일괄적인 리듬과 대나무(뱀부)와 피부 마찰의 사운드 효과는 조화된 지속적인 리듬으로 인체의 밸런스를 회복시킨다.

【피에조(압) 전기 효과】

특정한 물질의 결정체가 압력을 받으면 전기를 발생시키는 현상을 압전기라 하고, 이때 발생하는 정전기를 '피에조 전기'라고 한다. 압전기를 발생하는 결정체로 수정, 로셀염, 티탄산염 등 많은 종류가 있다.

우리 몸에는 파시니소체(압점)와 마이스너소체(촉점, 압점)라는 촉각 수용체가 있어 파시니 소체와 마이스너 소체에 강도를 다양한 방법으로 주었을 때 물리적인 힘이 화학적인 힘으로 변형되어 압전기를 발생시킨다. 전기와 열에너지가 조직 깊숙이 침투하여 혈액순환을 도와 노폐물을 배출하고 영양물질이나 산소의 공급으로 신진대사가 촉진되며 손상된 조직을 회복시키는데 도움을 준다. 또한, 림프순환이 촉진되고 정맥으로 배설하지 못한 노폐물의 배설을 돕고, 내분비 기능이 정상화 됨에 따라 신체의 자연 면역력이 증가한다.

【초전기 효과】

뱀부(대나무)와 피부와의 마찰로 발생한 따뜻한 열은 초전기를 발생시킨다. 초전기가 활성화되면 굳어진 근육이 이완되고 근육의 경직과 위축을 해소하고 강화하는 효과를 준다. 신경, 내장 등의 반사기전에 의하여 간접적인 자극을 가하여 내장의 기능을 강화시키는 효과와 온열효과 및 긴장된 근육의 이완 효과 등이 발생한다. 또한, 초전기의 작용은 뼈와 건(腱, tendon)에도 나타난다.

【음이온 효과】

독일의 의학자 에르테게 박사는 인간이 호흡하는 공기에 함유된 음이온 농도에 따라 평균수명에 차이가 있다고 하였으며 독일의 레날트 박사는 음이온이 많은 곳에 수목이 싱싱하게 자란다고 하였다. 음이온은 공기 중의 비타민이라 불리며 여러 가지 질병을 예방하고 인체의 건강에 중요한 요소이다. 뱀부(대나무)는 피를 맑게 하고 피로회복, 세포토닌을 증가시킨다. 또한, 식욕 증진의 효과가 있으며 세포의 신진대사를 왕성하게 하고 활력을 증진시키며 혈액을 정화시켜 피를 맑게 하고 자율신경을 안정시켜 피로회복 등에 도움을 준다. 그 외에도 컴퓨터 작업으로 인한 스트레스를 경감시켜 주고 타액 내 면역글로불린A(immuneglobulin A, IgA)가 증가하여 수면의 질이 개선된다. 인체의 면역학적 체계와 내분비적, 신경학적으로 포괄적인 영향을 미치고 있다.

【사운드 효과】

소리(sound)라는 단어는 영어로 풀어쓰면 'audio', 'acoustic' 그리고 'sound'로 쓸 수 있다. 'sound'라는 단어는 '소리'라는 뜻 외에 '건강한'이라는 의미를 지니고 있다. 소리 파동은 약 25mm 길이와 부드러운 S자 모양을 한 외이를 거쳐 고막을 지나 내이에 이르러 난원창의 진동이 와우각(cochlea) 내의 림프액을 진동시켜 기저막 상층부의 감각모를 자극한 후 대뇌에 전달된다. 청각뿐만 아니라 소리는 피부 내의 파치니소체, 마이스너 소체를 통하여 피부로도 듣는다. 특히 인체는 70% 이상이 물로 구성되어 있기에 피부 내로의 소리 전달 능력이 공기에서보다도 5배나 능률적이다.

뱀부(대나무) 테라피의 두드림의 일괄적인 리듬과 뱀부(대나무)와 피부 마찰의 사운드 효과는 운율적인 리듬으로 생명의 박동을 반영하고 조화된 지속적인 리듬으로 인체의 밸런스를 회복시킨다. 또한, 소리와 파동에너지를 인체에 전달하여 감성적인 부분에 영향을 주고 스트레스 호르몬의 감소, 엔돌핀 분비에 의한 통증 완화, 근육의 경직과 이완으로 에너지를 활성화시키고 피부 스트레스를 완화시켜 주어 혈액의 흐름을 원활하게 한다.

2. 뱀부테라피(Bamboo Therapy)의 이해

1) 뱀부테라피의 어원

뱀부의 어원은 학자들에 따라 여러 가지로 설명하고 있지만 우리말의 대나무는 대+ 나무의 합성어로 대나무는 말레이 반도의 토속어의 'Bambu'에서 유래되었다. 대 밭에 불이 나면 대 줄기가 팽창하여 '펌(밤, bum)' 하고 폭발음을 내며 터지는데, 이때 대 줄기 속에서 뜨거워진 공기가 '푸(부, boo)'하고 새어 나오는 소리의 의성어에서 비롯되었으며, 일본어로 다께[take]이고, 중국어로는 추[chu]라고 부른다.

2) 뱀부테라피의 정의

뱀부는 테라피스트의 손이나 손목, 팔 등과 같은 역할을 하는 매우 중요한 도구이다.

한국식 뱀부테라피는 뱀부(대나무)의 다양한 길이와 직경의 뱀부(대나무) 스틱들을 활용하여 쓸어주기, 밀착하여 펴 바르기, 토닥토닥 펴 바르기, 어루만져 펴 바르기, 떨며 펴 바르기 동작 등을 사용하여 얼굴 및 목 부위 뿐만 아니라 전신(신체 각 부위)의 근육을 이완시키는 기법을 뱀부테라피라고 정의할 수 있다. 이러한 뱀부테라피는 피부미용 종사자의 손과 팔을 직접 사용하는 타 테라피에 비하여 손목에 무리가 적은 테크닉이라고 할 수 있다.

인간은 태어나면서부터 우주의 대자연과 호흡하며 생명을 유지하여 왔다. 뱀부테라피는 자연의 대지에서 성장해 온 대나무를 이용하여 관리하는 테라피로 오래된 치유 예술 테라피(요법) 중 하나이다. 이러한 뱀부테라피는 오래된 치유 예술 마사지 중 하나로 치료사나 테라피스트의 손에 맞게 자른 다양한 크기의 모양으로 다양한 테크닉을 이용하여 신체에 적용하였다. 특히, 고대 힌두교 지역, 페르시아와 이집트 등에서는 대나무 테라피를 관절과 순환계 문제로 발생하는 질병관리에 적용시킨 것으로 전해신다. 우리나라의 경우는 예전부터 대나무는 사기를 물리치는 기능이 있는 것으로 보아 신체의 탁기를 물리치는데 사용하였고, 고려시대부터 공예품 등에도 사용하였으며, 대나무의 높은 품격과 아름다움을 가졌다고 하여 실용적인 예술분야에서도 주된 소재로 시용되었다.

3) 뱀부테라피의 유형

뱀부테라피의 사용법은 크게 두 가지로 나눌 수 있는데, 대나무 도구의 형태에 따라 압박식과 비압박으로 식으로 구분된다. 주로 근육에 강한 압력을 가하기 위해 사용되는 괄사기법인 압박식은 미국, 유럽과 동남아에서 기원하였는데 보통 일반 대나무를 그대로 사용한다. 반면 비압박식으로 사용되는 테라피 기법은 한국 선조의 정서적, 문학적, 철학적 정신을 바탕으로 제작되어 한국전통 기법인 옷칠

예를 적용하여 양쪽에 손잡이가 있는 대나무를 사용하는 것이다. 뱀부테라피를 세분화하여 유형별로 간단히 구분하면 다음과 같이 구분할 수 있다.

① 유럽식 뱀부테라피

일상에서 벗어나 자연에서의 삶의 힐링을 추구하는 것에 큰 가치를 두고 있는 유럽에서는 스파 문화가 발달하였다. 전통적으로 유럽스파는 관절염을 비롯하여 류머티스와 몇 가지 호흡계 및 순환계 장애와 같은 질병을 위한 메디컬 센터였으며 주변의 온천수, 진흙, 광천수, 소금 등 천연자원이 치료의 기본 요소가 됨에 따라 자연스럽게 자연을 소재로 하는 대나무를 접목하면서 현대적인 뱀부테라피로 발전한 경우이다.

② 퓨전 뱀부테라피(Bamboo-Fusion Therapy)

미국의 대나무 테라피 창시자로 불리는 북미 출신인 Nathalie Cecilia가 대나무 스틱을 이용하여 고객의 심부근육을 이완시켜 주는 최적의 방법을 개발한 것으로 2004년에 확립되었다. 원래 타이 테라피스트인 Cecilia가 뱀부테라피를 시작하게 된 계기는 어느날 그녀보다 체격이 큰 남자 고객이 내방하여 승모근을 강하게 눌러서 풀어달라는 요구를 하였는데, 그녀는 긴 대나무 막대로 고객이 원하는 부위인 어깨를 두드려 주었다. 테라피가 끝난 후 '시원하다'는 고객의 긍정적인 반응을 본 후 Cecilia는 자신의 테라피 테크닉에 대나무 스틱을 적용할 방법들을 연구하여 개발하였다. 마침내 다양한 길이와 너비, 그리고 다양한 형태의 대나무와 함께 Bamboo-Fusion 테라피 라는 것을 창시하였으녀, 그 후, 미국 내 Ritz-Carlton Hotel, MarriottHotel 등과 같이 고급리조트와 스파 내에서 대나무 테라피를 프로그램 상품화하였으며, 전 세계적으로 전파시켰다.

③ 천지 뱀부테라피(Tlan di Bamboo)

멕시코 출신의 에르네스토 오리티즈(Ernesto Ortiz)가 중국 전통의학을 바탕으로 고안해 낸 뱀부(대나무)테라피이다. 오리티즈(Ernesto Ortiz)는 1994년부터 신체의 정신과 마음을 통합시키기 위해 도구를 활용하는 방법을 접목하여 뱀부테라피 발전의 기초를 마련하였다. 특히, 오리티즈는 대나무(Bamboo) 스틱이 다른 도구들 보다 유연하고 부드럽다는 장점을 이용해 중국 전통의학의 오행 원리(나무, 불, 땅, 금속, 물)와 접목한 혁신적인 천지 뱀부테라파를 발전시켰다. 이 천지 뱀부테라피는 하늘(天)과 땅(地)의 정신이 연결되어 있는 육체적 상태와 정신적인 부분을 연결한 새로운 방식의 매뉴얼테라피이다.

④ 동남아식 뱀부테라피

대나무가 많이 자생하고, 특히 더운 지역의 베트남, 인도 등에서 시원한 도구로 접목하게 된 테라피로 기법이 단순하다. 주로 스파에서 수기와 대나무 도구를 함께 사용한다. 인도 변두리(체나이)의 길거리에서는 대나무(뱀부)로 두드리기 테크닉을 이용하여 여행객을 대상으로 뱀부테라피를 하기도 하였다.

⑤ 괄사 뱀부테라피

괄사 뱀부테라피는 괄사를 이용하여 피부 표면을 강한 압력으로 자극하는 중국의 전통 민간요법이며, 괄사 뱀부테라피는 괄사 대신 대나무를 도구로 강한 압력과 자극을 주어 테라피를 수행하는 테라피를 말한다. 우리나라에서도 뱀부테라피 도입 초기에는 괄사테라피 원리를 이용한 방법을 많이 사용하였다.

> 최근 우리나라의 뱀부테라피는 직무능력을 훈련-자격-교육-일(직무)의 연계가 가능하도록 개발된 국가직무능력표준(NCS)으로 표준화하였으며, 글로벌 경쟁력을 갖출 수 있는 테라피로 발전하고 있다. 따라서 특수관리인 뱀부테라피 관리 시에는 매뉴얼 테크닉 및 스웨디쉬기법(Swedish massage technique)의 동작을 응용하여 뱀부테라피에 적용한다.

4) 뱀부테라피의 작용 원리

뱀부테라피는 대나무의 둥근 표면과 길이를 이용하여 피부 감각 수용체 및 림프를 자극함으로써 자율신경을 안정시킨다. 뱀부 스틱을 이용하여 우리 몸에 자극(압박)을 가했을 때 생성되는 파동 에너지가 온몸에 산소를 공급하고 근막 조직과 신경조직에 강한 힘을 전달해 혈관 사이에 노폐물을 배출 시키며, 스트레스 해소와 심신을 휴식시켜 준다.

뱀부테라피의 작용원리는 피에조 전기(압전기), 파이로 전기(초전기), 지렛대 원리이다.

(1) 지렛대 원리

뱀부(대나무) 테라피는 인체의 혈행의 원활한 흐름을 통해 부종, 셀룰라이트 분해, 림프배농에 영양을 주는 작용 원리로 아르키메데스의 과학적인 지렛대 원리를 이용하여 작은 힘으로 큰 힘을 얻어낼 수 있다. 지렛대 원리가 수직으로 올라가는 원리의 선이라면 뱀부(대나무) 테크닉은 수평 방향, 수직 방향, 굴려서 밀어주는 동작으로 받침점이 단단하게 고정되어야 힘점의 힘이 안정되어 관리할 수 있다.

지렛대의 원리를 이용하여 테라피스트 체중의 최대 50%까지 사용이 가능하여, 힘의 방향과 전달방법을 통하여 긴장된 근육에 영향을 주어 근육 통증 감소에 도움을 주거나 체형 감소에 효과를 줄 수 있다. 무엇보다 중요한 점은 지렛대의 원리를 이용하여 적은 압력으로도 심부 깊은 조직까지 에너지를 전달시켜서 피부미용사들의 작업적 피로를 줄여줄 수 있다는 것이다.

지렛대 원리

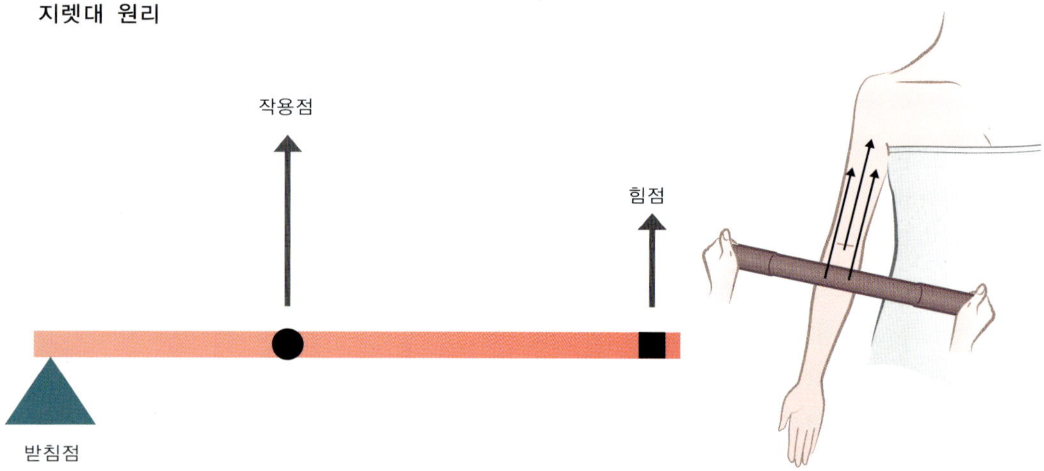

① 힘점 : 뱀부(대나무)에 힘이 직접 작용하는 위치를 말한다. 힘점의 세기와 방향은 적용점의 무게와 부피의 방향으로 힘이 작용한다.

② 받침점 : 뱀부(대나무) 부위를 받쳐주는 위치를 말한다.

③ 작용점 : 고객의 바디에 힘이 작용하는 위치를 말한다. 직용점의 힘 방향은 뱀부(대나무)의 각도와 아주 밀접한 관계가 있다.

(2) 피에조 전기(piezoelectricity) 원리

특정한 물질의 결정체에 일정한 방향으로 힘을 가하여 전기분극이 발생하는 효과를 말한다. 피에조 전기라고 하며 피에조 전기에 의해 열이 발생하고 파이로 전기현상이 일어난다.

물질은 원자로 이루어지고 원자는 양성자와 전자로 이루어져 있다. 물질을 누르면 한쪽 표면으로 전자들이 더 많이 분포하고 다른 표면에는 부족한 쏠림 현상이 일어나 전자가 많은 쪽은 음극이 되고 전자가 부족한 쪽은 양극으로 분극되는 현상이 순간적으로 일어난다. 계속적인 자극의 변화를 주면 물질의 표면에 분극이 유지된다. 우리 신체의 근막과 근육처럼 문살무늬 또는 정(井)자 무늬인 조직에 물리적인 힘이 가해지면 양쪽에 전위차가 발생된다는 원리이다. 물리적인 마찰을 가했을 때 국소부위에서 약한 전기가 발생하는 원리로 뱀부(대나무)로 긴장된 국소부위에 물리적인 자극을 가하면 피에조 전기가 발생된다.

즉, 대나무 스틱으로 긴장된 근육에 지속적으로 물리적 자극을 주면 긴장된 근육에 피에조 전기가 발생하여 해당되는 부위의 근육이 이완되어 통증이 완화되고 전기와 열에너지가 말초순환을 활성화시킨다.

(3) 초전기(pyroelectricity) 원리

어떤 결정체의 일부를 가열하면 그 표면에 전기가 나타나는 현상을 말한다.

초전기 원리는 마찰을 가해 발생하는 열이 근막에 파이로 전기를 발생시키며, 물질의 반대 방향이나 (+), (-) 전위가 이동하며 전위차가 발생하는 원리이다. 초전기 효과는 아주 미세한 작은 온도 차이에도 나타난다.

5) 뱀부테라피의 효과

뱀부테라피는 손으로 매뉴얼 테크닉을 수행한 후 대나무 스틱을 사용하여 신체 각 부위의 근육에 매뉴얼 테크닉을 수행하면 다음과 같은 효과가 있다.

(1) 스트레스와 피로를 감소시킨다.
(2) 심혈관 순환을 증가시킨다.
(3) 림프계 순환을 돕는다.
(4) 더 넓은 표면에 더 많은 압력을 심부 조직까지 고르게 접촉시켜 순환을 증가시킨다.
(5) 심부 조직을 이완시키고, 근육의 트리거 포인트(Trigger point)를 완화시켜준다.
(6) 자율신경의 안정으로 스트레스를 완화시켜 심리적 · 정신적 상태의 균형을 유지한다.
(7) 근육과 관절의 통증을 완화시켜준다.
(8) 부종과 셀룰라이트 분해에 효과를 준다.
(9) 압력에 의해 일어나는 피에조 전기 효과로 말초 순환계를 활성화시킨다.

6) 뱀부테라피의 금기사항

(1) 신경성 장애에 의한 마비
(2) 당뇨병, 골절이나 최근 수술을 한 사람
(3) 건선, 습진 등의 접촉성 피부염
(4) 대상 포진, 사마귀, 피부암
(5) 화상, 여드름을 동반하였을 때
(6) 심장 관련 문제가 있거나 심부정맥 혈전증
(7) 정맥류

7) 뱀부테라피의 주의사항

(1) 관리 전 고객과의 충분한 상담을 통하여 냉 · 온관리 유무를 파악하도록 한다.
(2) 사용한 뱀부(대나무)응 중성세제를 이용하여 흐르는 물에 씻어낸 후 자외선 살균소독기에서 10분 이상 소독하고 우생적인 곳에 보관한다.
(3) 관리 시 뱀부(대나무)가 뼈를 터치하지 않도록 한다.
(4) 순환 방향에 맞게 일정한 속도와 강약을 조절한다.

8) 뱀부테라피 전 · 후의 소독 방법

뱀부의 속은 아미노산과 지방산 그리고 무기성분 등의 영양물질이 풍부하여 주변 환경(온도와 습도 등)에 따라 곰팡이 균류, 선충, 진딧물 등의 해충으로부터 감염이 생길 수 있다. 그러므로 뱀부테라피 관리전과 관리 후에는 깨끗하게 소독하여 청결상태를 유지하여야 한다.

소독방법은 중성세제를 이용하거나 온습포를 이용하여 닦아준 후 소독용 알코올(70% 알코올) 또는 과산화수소를 사용한다. 표면 소독 -마른 소독 거즈- 뱀부 오일을 붓으로 도포하여 위생적인 곳에 보관한다.

9) 뱀부(대나무) 관리방법

① 뱀부도구는 생명력 있는 식물세포 조직으로 이루어져 있기 때문에 보관이나 관리 조건에 따라 대나무가 갈라질 수 있다.
② 정상가공 처리되지 않은 뱀부를 장시간 사용하지 않을 경우에는 수분을 흡수할 수 있는 신문지나 부드러운 천에 뱀부를 감싸 냉동실에 보관하면 대나무 도구의 수명주기를 연장할 수 있다.

3. 뱀부테라피(Bamboo Therapy) 수행하기

고객 상담 - 고객을 탈의실로 안내 - 고객에게 가운 착용 안내 - 개인 소지품 및 귀중품 개인 사물함에 보관하도록 고객에게 설명한 후 관리실로 안내하여 뱀부테라피 관리를 수행하도록 한다.

1) 뱀부테라피 관리 수행 시 준비사항

① 관리할 신체 각 부위에 적합하고, 위생적으로 소독된 뱀부 스틱을 준비한다.
② 고객을 베드로 안내하고, 관리 전 신체를 이완 시키고자 스트레칭을 시행한다.
③ 관리 부위를 클렌징하고, 토너로 피부결을 정돈한다.
④ 관리 부위에 오일을 도포한다.
⑤ 관리 적용 부위에 적절한 뱀부(굵기, 길이)를 준비한다.
⑥ 적용 부위에 맞게 적절한 뱀부 테크닉 동작을 구사하여 테라피를 수행한다.
⑦ 필요에 따라 오일을 재 도포하면서 뱀부(대나무)테라피를 수행한다.

2) 신체 각 부위 관리 시 뱀부 스틱 선택하기

뱀부 스틱은 관리 부위에 따라 크기와 길이를 적절하게 선택하여 사용하도록 한다.

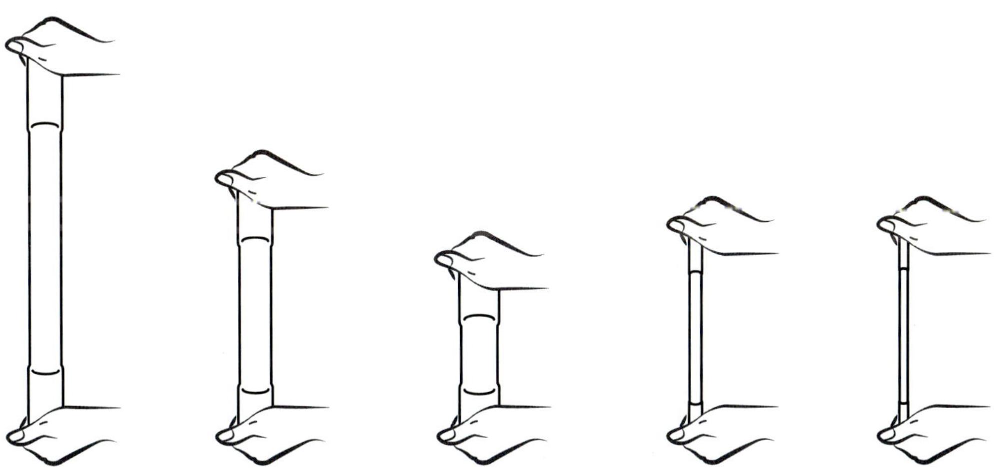

길이 45cm 직경 4cm	길이 30cm 직경 4cm	길이 28cm 직경 4.5cm	길이 25cm 직경 1.5cm	길이 25cm 직경 7~9cm
	바디용 (bod bamboo)		얼굴관리용 face bamboo	손목, 발바닥, 손바닥

3) 뱀부(대나무) 기본 동작

뱀부테라피를 하기 위해서는 대나무를 누르는 손바닥과 손목, 압력의 강 · 약과 마찰력이 중요한 부분을 차지한다. 뱀부테라피스트는 테크닉 동작에 앞서 고객에게 맞는 뱀부 스틱의 크기와 길이 및 압력을 테스트하고, 그 수치의 기억에 따라서 체형의 골격에 따라 이상적인 적정 테크닉을 통한 압력을 테스트 하며, 적정 테크닉을 통한 교감하는 배려는 신뢰와 만족감을 높인다.

국가직무능력표준(NCS)에 의거한 한국형 뱀부(대나무)테라피는 먼저 손으로 매뉴얼테크닉을 수행한 후, 뱀부(대나무)를 사용하여 신체 각 부위의 근육에 매뉴얼 테크닉 동작을 적용한다. 뱀부의 매뉴얼 테크닉 동작은 부위와 기대하는 효과에 따라서 적용하는 동작의 종류가 다르며(표 11-1), 그 기본적인 동작들은 다음과 같이 분류한다.

(1) 쓸어서 펴 바르기(Effeurage)

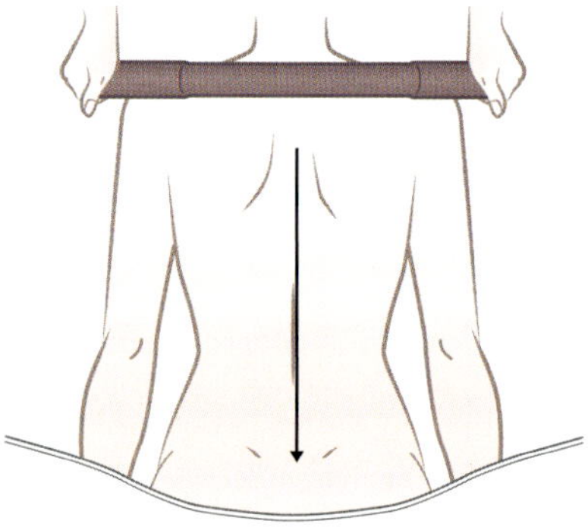

피부 표면에 밀착하여 가벼운 힘과 일정한 속도로 부드럽게 쓸어서 펴바르고 어루만지는 방법이다.

뱀부(대나무)를 전체를 사용하여 느리고 규칙적이며 가볍게 쓸어서 펴바르는 동작으로 테크닉의 처음과 끝에 행하는 동작을 말한다.

신진대사를 증가시키고 피부 내부의 영양 공급을 도와주고, 자율신경계에 영향을 미쳐 피부에 휴식을준다. 또한 림프액의 순환을 도와 노폐물을 제거시키는데 효과적이다.

(2) 밀착하여 펴 바르기(Friction)

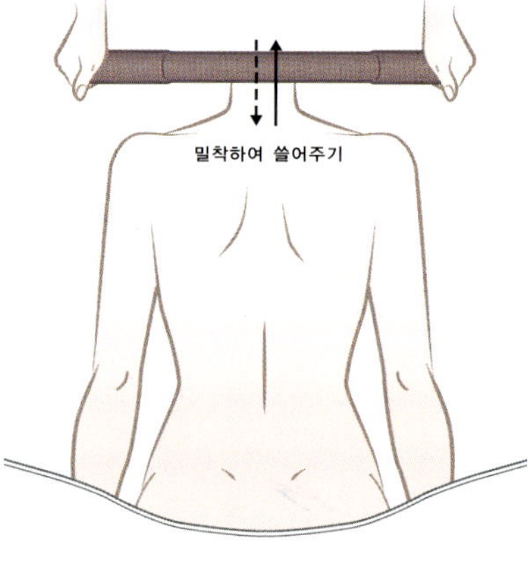

뱀부(대나무)를 이용하여 시행하는 동작으로서 부위에 따라 적절한 힘을 가하면서 피부 마찰을 유도하는 테라피 동작이다. 피부에 가하는 힘의 정도에 따라 부드럽게 밀착하여 펴 바르기와 세게 밀착하여 펴 바르기 동작이 있으며, 동작의 방향에 따라 수평방향으로 밀착하여 펴 바르기, 수직 방향으로 밀착하여 펴 바르기, 굴려 밀착하여 부드럽게 또는 세게 밀착하여 밀며 쓸어주는 동작이다.

신진대사를 활성화시켜 결체조직에 효과를 주며, 표정근육의 조직을 이완시켜 주고 근육을 강화시키는데 효과적이다.

(3) 어루만져 펴 바르기(Petrissage)

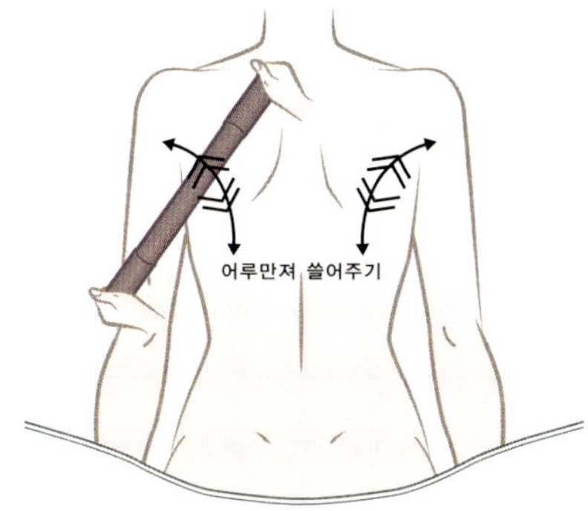

뱀부를 이용하여 피부와 마찰하는 방법 중 아주 강한 동작이다. 즉, 피부를 마찰하는 방법으로 피부를 좌우로 그리거나 쓸어주는 동작을 말한다.

뱀부의 간격을 두고 서로 반대 방향으로 짜는 듯한 느낌으로 세게 누르는 방법이다. 피부 내층과 근육층 깊은 곳까지 강하게 자극을 주어 혈액순환을 촉진시키고, 셀룰라이트 등 불필요한 지방의 배출을 촉진시키는데 효과적이다.

(4) 떨며 펴 바르기(vibration)

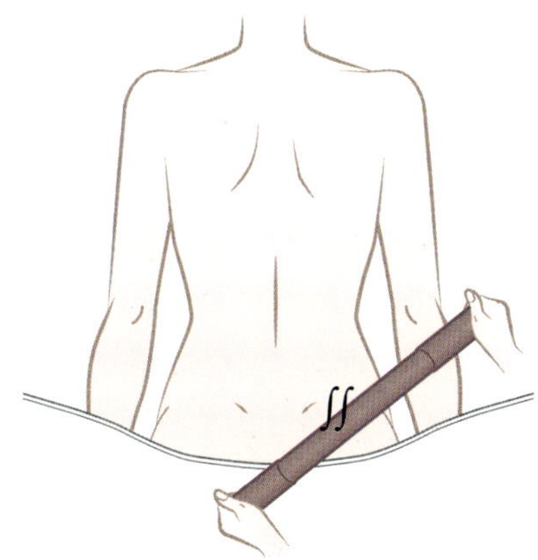

일정한 피부 부위를 일정한 리듬으로 진동(떨기)하게 하는 동작이다.

뱀부에 일정한 힘을 주어 두 손을 동시에 움직이며 피부에 고른 진동을 주어 섬세한 자극을 주는 동작이다.

떨기(진동)의 세기에 따라 효과도 다르다. 피부의 심부조직을 자극시켜 근육통이나 피로를 풀어주고, 혈액과 림프의 순환을 촉진시켜주는데 효과적이다.

(5) 토닥토닥 펴 바르기(Tapotement)

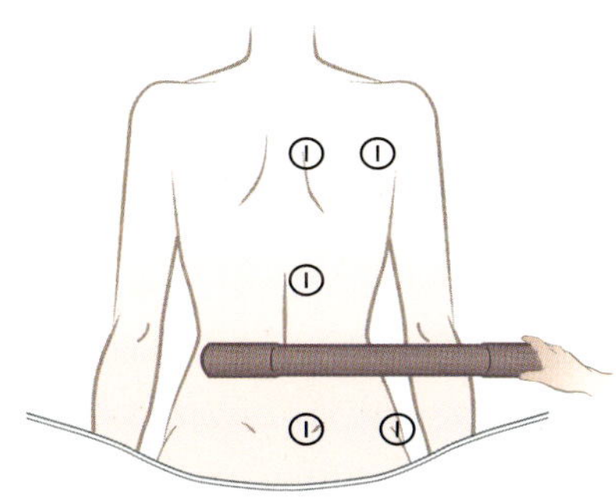

필요한 부위에 뱀부(대나무)를 가벼운 리듬으로 토닥토닥 두드리는 동작으로 뱀부에 전혀 힘을 가하거나 압력을 가하지 않는 방법이다.

뱀부를 이용하여 가볍게 두드리는 동작은 소리에 의한 신경계의 반응을 촉진시키며, 활기, 생기 및 자극을 주기 위하여 사용된다.

또한 혈액순환과 신진대사 작용을 높여주고, 피부의 탄력성을 증가시켜 주는데 효과적이다.

〈표 11-1〉 고객관리 시 신체 각 부위별 뱀부 수행

<table>
<tr><th>적용부위</th><th>적용근육</th><th>적용부위</th><th>사용 테크닉</th></tr>
<tr><td>얼굴</td><td>안면근</td><td>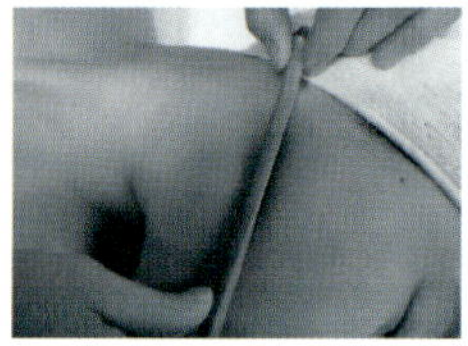</td><td rowspan="2">뱀부(대나무)를 준비한다
↓
적용부위에 맞게 구분한다
↓
필요에 따라 오일을 도포한다
↓
부위별로 관리한다</td></tr>
<tr><td>어깨</td><td>승모근 상부
극상근
극하근
능형근</td><td>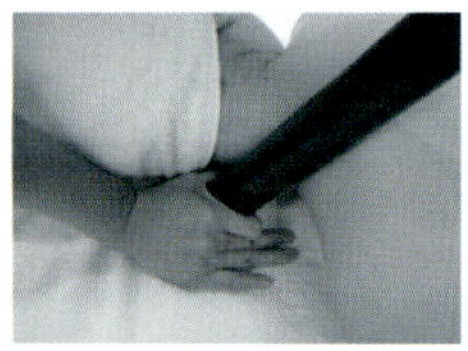</td></tr>
<tr><td>등</td><td>승모근
광배근
판상근
능형근
척추기립근</td><td>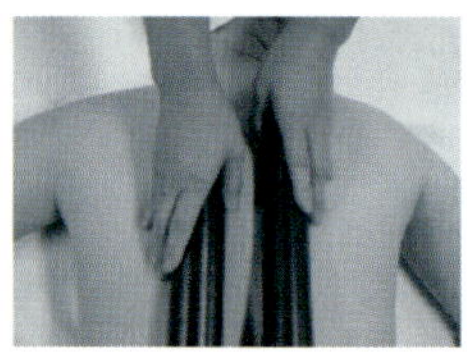</td><td>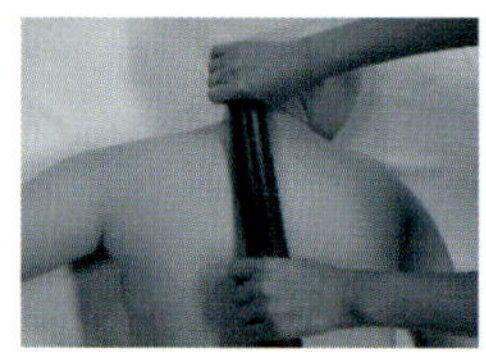 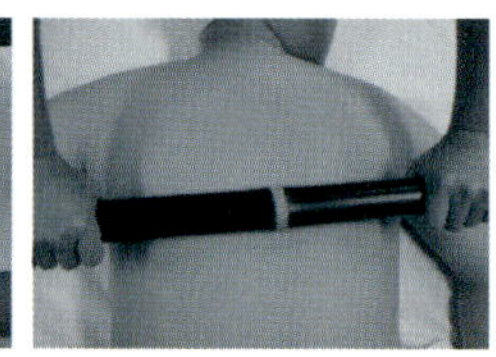</td></tr>
<tr><td>액와부</td><td>이두근
삼두근
대흉근
소원근
대원근</td><td>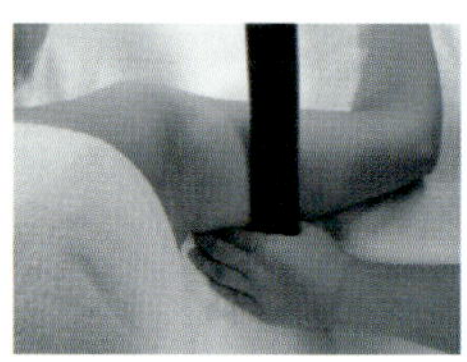</td><td rowspan="2">*관리 시 스웨디쉬기법(Swedish massage technique) 을 응용한 뱀부(대나무) 테크닉을 적용한다.

· 쓸어서 펴 바르기(Effeurage)
· 떨며 펴 바르기(vibration)
· 어루만져 펴바르기(Petrissage/유연법)
반죽하기(Kneading/유연법)
· 밀착하여 펴바르기(Friction/강찰법)
· 토닥토닥 펴바르기(Tapotement/고타법)

등을 활용하여 관리한다.</td></tr>
<tr><td>허벅지</td><td>내전근
대퇴사두근
박근
봉공근</td><td>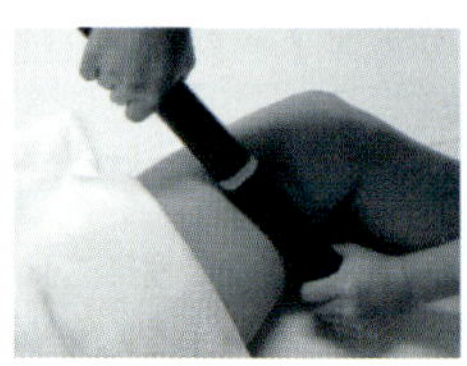</td></tr>
<tr><td>발바닥</td><td>족저근</td><td rowspan="2">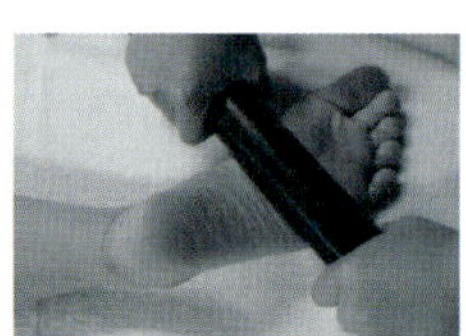</td><td rowspan="2">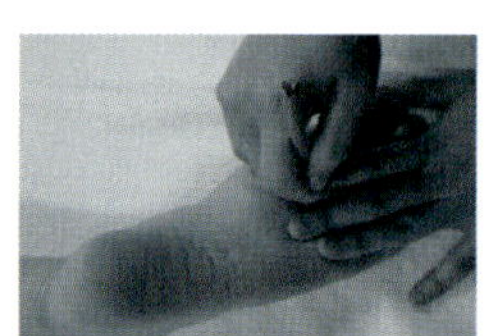 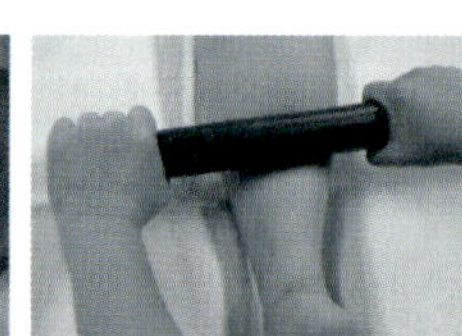</td></tr>
<tr><td>종아리</td><td>가자미근
비복근
비골근
후경골근
아킬레스건</td></tr>
</table>

〈참조〉 NCS피부미용특수관리 뱀부(대나무)테라피 학습모듈 참조, 2

CHAPTER 12

HOLOS THERAPY

CHAPTER

12 HOLOS THERAPY

1. 휠로스테라피 정의

휠로스테라피는 태초에 아름다움 자연의 원리를 따르는 근본적인 관리로 건강과 아름다움을 회복할 수 있는 길을 안내하기 위해 휠로스테라피의 모든 관리는 3단계 체질 분석 자료를 바탕으로 체계화된 매뉴얼에 따라 진행된다. 자연에서 찾은 치유 원리와 도구를 활용하고 안정화된 제품을 사용하는 것이 휠로스테라피만의 차별화된 가치를 완성하고 있으며 근원을 다루는 자연요법이라 하겠다. 인체 스스로 건강한 자가 면역력을 회복할 수 있도록 도와주는 유일한 길을 “자연”에서 찾고 있다. 우리 인간은 소우주라 할 만큼 오장육부의 장부를 통해서 자연과의 모습과 비슷한 점이 아주 많다. 모든 테라피의 기법과 원리와 제품, 도구를 선택하는 데에 자연의 질서, 자연의 이치, 자연의 속도와 시간을 존중하며 적용하고 있다.

휠로스테라피는 인체의 신비를 거스르지 않으면서 자연에서 찾은 방법으로 결과 그 이상을 보여준다는 점에서 주목받고 있다. 사람의 몸이란 우리가 지금껏 살아온 날들을 반영하고 있다. 우리 몸이 표현하는 것들 중에서 표현하는 어느 부분이 불편한 것인가에 귀를 기울여 불편한 부분의 원인을 찾아 근원을 치유하면 자연 치유력과 면역력을 통해 인간이 가질 수 있는 가장 아름답고 건강한 모습으로 회복될 수 있다.

휠로스테라피는 자율신경계의 조율을 통해 면역을 키우는 신경테라피이다. 현대인이 겪는 일상적인 트러블이나 과도한 업무와 스트레스 등 질병은 신경형 스트레스와 잘못된 생활습관인 쌓인 결과이다. 자율신경계가 안정될 때 비로소 호르몬 밸런스가 유지되고 면역 기능이 왕성해진다.

휠로스테라피는 몸의 에너지 순환의 과정을 돕는 테라피로 심신 안정을 통해 자율 신경계가 정상적으로 움직이도록 지시를 한다. 백토로 만든 침과 웨이브에 순수 아로마의 자연 에너지를 더하는 3D5요법으로 뭉친 노폐물을 배출하고 정체된 에너지를 순환시켜 세포에 좋은 영양 물질을 채우고 자기 스스로 생체환경을 개선할 수 있는 힘을 길러 준다.

1) 브레인 관리 프로그램 Brain and Brain

전문화된 관리시스템으로 고객의 피부와 체질에 맞춘 1 : 1 프로그램으로 심신 스트레스 완화와 통증 케어, 몸의 균형 관리를 위한 기본이 되는 브레인 프로그램이다.

브레인 테라피란 뇌의 기능을 원활히 수행하기 위해서는 뇌에 산소와 영양분을 지속적으로 운반해줄 혈액공급이 필수이다. 휠로스테라피는 크로스포인트를 소통시켜 뇌에 영양분과 산소공급이 원활하게 이루어지도록 돕는다. 휠로스테라피는 특화된 브레인 관리뿐 아니라 모든 얼굴 관리와 바디 관리에 브레인 테라피가 포함되어 있다. 브레인 프로그램은 휠로스테라피는 아로마테라피로 심신을 이완시키고, 백토침을 이용하여 막혀있던 크로스포인트를 소통시켜 뇌에 영양분과 산소공급이 원활하게 이루어지도록 돕는다. 뇌의 산소와 공급이 원활해지면 굳은 안면근육(활경근)을 풀어주어 얼굴이 가볍고 부드러운 인상으로 변한다. 긴장과 스트레스로 신경과 혈관을 압박하게 되면 머리가 무거울 뿐만 아니라 두피 근육이 수축되어 얼굴의 변형과 노화까지 초래하게 된다.

우리 인체에서 가장 신진대사가 활발하며 신경세포가 모여 신경계를 통합하는 최고의 중추인 뇌의 건강이 젊음의 비결이라 할 수 있다. 긴장과 스트레스로 신경과 혈관을 압박하게 되면 두피근육의 수축이 앞이마로 전달되어 온몸의 통증과 여러 부작용을 초래한다. 어지럼증이나 이상흥분, 지각이상 편두통, 목 통증, 어깨통증, 탈모, 모발건조, 지성비듬, 탈모, 모발건조, 지성비듬, 가려움증 등을 유발한다.

2) 마인드 피스 Mind peace

모든 사람의 마음은 심신이 안정되고 마음이 편해야 건강함을 유지할 수가 있다. 마음의 불편함은 신체에 이상 신호를 보낸다. 목과 두피를 싸고 있는 근막을 협착상태로 만들어 노폐물이 체내에 축적되도록 방해한다. 스트레스로 인하여 혈압이 올라 혈관이 수축되면 머리와 목, 어깨 등에 점차 노폐물이 쌓이게 되고 이러한 현상이 반복되면 몸은 자주 붓게 되고 통증을 유발하게 된다. 얼굴에도 부종과 트러블이 생기게 된다. 마음의 병을 치유하는 브레인 테라피는 먼저 아로마를 통해 심신을 안정시키고, 헤드스파로 두피 스켈링과 죽은 각질을 정리한다. 또한 순환 테크닉으로 배출되지 못한 노폐물을 액와와 림프를 통해 배출시키고, 미네랄과 산소와 영양분의 공급을 원활하게 도와주어 더욱 아름다운 몸매를 유지한다.

3) 두뇌 순환 Brain Circulation

과도한 근육 사용이나 스트레스가 심하면 노폐물이 쌓이며 혈액순환이 원활하지 않으면 두통, 어지럼증과 함께 목이 뻣뻣해지는 현상을 느끼고 얼굴이 붓고 색소침착, 붉음증까지 유발될 수 있다. 이 프로그램은 두피와 등의 근육을 3D5요법으로 이완시켜 상체에 정체되어 있는 혈액을 순환시키어 정체된 림프액을 배출시킨다. 프로폴리스가 함유된 아로마를 사용하여 두개골과 천골 사이의 순환을 원활하게 하여 슬리밍한 등의 곡선을 만들뿐 아니라 얼굴의 예민함과 붉음증을 완화하는데 많은 도움이 된다.

4) 홀리스틱 밸런스 Holistic Balanc

바르지 않은 자세는 척추로 인하여 체형이 변형되며 변형된 체형으로 인하여 얼굴 또한 비대칭으로 변해간다. 얼굴의 비대칭은 크게 3가지로 분류한다. 자세에서 기인한 비대칭은 양쪽 귀의 높이가, 두개골에서 기인한 비대칭은 눈의 좌우 높이가, 합의 비대칭은 턱관절이 원인으로 입의 높이가 다르다고 한다.

인체의 미용변이와 관계하여 장부의 기능 및 형태부위, 미용 변이 개선을 위한 홀리스틱 밸런스는 얼굴과 목, 두피에 있는 뼈로 구성 되어 있으며 두개골에서부터 오는 불균형, 즉 두개골선. 자세선. 교합선의 비대칭을 바로잡는 틀어진 얼굴 균형을 곧고 바른 얼굴선으로 잡아가는 관리입니다.

5) 얼굴 관리 프로그램 Face Treatment

피부의 문제, 노화로 기인한 증상, 얼굴 윤곽의 근원적인 해결책을 안겨주는 휠로스테라피 얼굴 프로그램

(1) 솔리드 3D5 Soild 3D5 동안라인

앞으로 보고 옆으로 보고 위·아래서 봐도 아름다운 입체적인 얼굴을 만드는 휠로스테라피만의 3D5는 자연의 이치와 과정을 따른다. 3D5의 핵심은 피부 세포의 재생과 유연작용, 수화작용을 도와 작고 아름다운 얼굴로 만들어 준다. 얼굴의 크로스 포인트는 3D5요법으로 열어 정체된 수분과 노폐물을 크로스 테크닉과 십자테크닉을 통하여 배출된다. 머리, 얼굴, 목, 어깨 부위의 주요 근육을 이완시켜 두피 및 안면의 순환작용을 돕는 매우 근원적인 테라피이다.

(2) 오리엔탈 시크릿 Oriental Secret 초보습 영양라인

사람은 나이가 들면서 나타나는 콜라겐과 엘라스틴의 수분부족과 탄력으로 인하여 노화가 진행된다. 노화를 방지하고 자연의 시간에 맞춰 젊고 건강한 피부를 만들어야 한다.

자연노화와 광노화 두 가지 타입이 있는데, 광노화 타입은 각질층을 정리하는 과정이 추가된다. 각질탈락 효소기능이 약화되면서 주름과 색소, 여드름 트러블 및 접촉성 피부염의 발생 가능성이 높고, 심하면 얼굴 근육이 처질 수 있기 때문이다. 림프의 기능을 활성화시켜 부종을 완화시키는 동시에 피부 스스로의 면역 질서를 높여 멜라닌 색소 발생을 억제하도록 만든다.

(3) 페이스 라인 리프팅 Face Line Lifting 탄력라인

여성이라면 누구나 탄력있는 피부와 세포와 하얀피부, 매끄러운 얼굴 라인을 가지고 싶어한다. 휠로스테라피는 자연스러운 동안 미모를 회복하기 위한 관리를 한다. 그것이 얼굴 근막을 찾아내어 관리하는 기법이다. 얼굴 근막은 근육을 둘러싸고 있는 막으로 피부와 신경, 순환계, 림프를 둘러싸고 있으며 피부 탄력을 좌우한다. 신진대사의 저하는 콜라겐과 엘라스틴의 감소 등으로 살이 아래로 처지는 느낌이나 이중턱 등 얼굴선의 변형을 가져온다. 이때 비타민과 당 성분으로 영양을 집중 공급하고, 수기 스파이더 메선 마사지를 통해 근막의 처짐을 방지하여 얼굴 라인이 잡히도록 도와준다.

(4) 브라이닝 이펙트 Brightening Effect 스팟 미백라인

강한자외선, 호르몬의 변화, 심한 스트레스 등의 이유로 피부는 생기와 탄력을 비롯하여 홍반과 예민피부로 변해가고 있다. 건강하고 밝은 피부는 여성의 아름다움을 좌우하는 척도이기에 매일의 주기적인 관리와 특별한 관리가 병행되어야 한다.

휠로스테라피에서는 색소의 발생 요인이 근본적으로 다르다는 것에 주목해야 한다. 자외선에 의한 색소침착의 경우 세포의 순환주기에 맞추어 관리가 들어가야 효과를 볼 수 있으며, 냉증에 의한 색소침착은 기초 체온을 높여 신진대사를 원활하게 해주면 완화된다. 스트레스에 의한 색소 침착은 심신의 이완을 유도하고 산소를 공급하여 대사작용을 도와주는 것이 필요하다. 원인부터 다른 색소고민, 이유부터 바로 알고 관리하는 것이 필요하다.

(5) 스몰 앤 라이트닝 Small & Lightening 베이직라인

바르지 못한 생활습관과 스트레스가 노폐물, 지방 축적 및 수분을 정체시켜 얼굴을 푸석하게 붓게 한다. 특히 얼굴 중에서 볼, 턱, 눈 부위는 '부었다, 빠졌다'를 반복하며 탄력을 잃어 점차 좋지 않은 얼굴로 변해 간다.

작고 붓지 않는 얼굴 만들기 1단계는 아로마로 머리와 목에 고루 분포되어 있는 주요 근육을 이완시키는 작업이다. 이후 얼굴 부위에서 자주 막히는 경혈점을 백토침으로 자극하고 림프 마사지로 순환시킨 다음 피부에 충분한 영양을 공급하는 제품으로 눈과 볼, 턱 부위에 리프팅 테크닉을 실시하여 얼굴을 리사이즈닝 한다.

(6) 아크네 트리트 Acne treat 여드름라인

여드름은 세균에 감염된 상태를 말한다. 특히 여드름은 잦은 세안과 땀으로 피부 트러블이 많이 생기기 쉽다. 평소 청결한 세안과 충분한 수면, 휴식을 취하면서 여드름 관리를 병행해야 할 것이다.

휠로스테라피는 피부 트러블의 요인을 유전적, 환경적, 기질적 요소로 구분하여 원인별 관리 방법을 달리하고 있다. 유전적, 환경적 요소는 바른 세안과 피지조절, 항염, 항균의 케어가 중시되며 홈케어와 병행 시 완화될 수 있다. 기질적 요소인 스트레스성 여드름은 교감 신경계의 항진된 반응이므로 심신의 안정을 찾는 것을 우선으로 한 진정관리를 실시한다.

6) 바디 관리 프로그램 Body Treatment

인체의 노폐물 배출, 호르몬 불균형, 혈액순환 저하, 독소 배출 부족으로 우리의 몸은 여러 가지 면에서 기능이 저하되고 있다. 이러한 문제점들을 차례대로 진단하여 생체 스스로 이를 해결할 수 있는 에너지를 심어주는 체계적인 그램으로 우리 몸의 기능을 원활히 하는데 도움이 된다.

(1) 림프 베이직 Lymp Basic

인체의 배출 능력을 정상화시키는 림프 베이직은 인체가 공급받는 것 못지않게 빼는 것도 중요하다는 사실을 인식하게 한다. 정체된 노폐물과 독소의 정화에 림프계의 역할이 매우 중요한 역할을 한다. 베이직은 기본에 충실하면서도 효과적인 테크닉이다. 스트레스와 질병에 대한 저항력을 증진시키고 피로회복, 노폐물 배출, 불면증을 극복하도록 심신에 이완을 준다. 식물성 아로마와 함께 조용하고 부드럽게 진행되는 림프 테크닉은 셀룰라이트와 호르몬성 부종에 탁월하다.

(2) 서큘러 Circular

시큘러는 순환 장애로 인한 건강, 미용상의 근원적인 문제를 해결해 준다. 특히 푸석푸석하고 칙칙한 피부 톤을 가지고 있거나 과도한 지방과 셀룰라이트가 있는 고객, 정체 부위에 통증을 느끼는 사람, 손발이 냉하고 염증이 쉽게 발생되는 체질에 맞는 프로그램이다.

인체 내 소통을 담당하는 혈액 순환계를 원활하게 해줌으로써 산소와 영양분을 세포에 공급하여 세포가 건강하게 기능하도록 도와준다.

(3) 바디 밸런스 Body Balance

평소의 비르지 못한 잘못된 자세, 과도한 근육 사용으로 신체 자극이 반복되면 자세가 틀어지고 신경을 압박하기도 한다. 근육의 뭉침과 통증, 손과 발의 저림 증세, 비만 등으로 인하여 자신감을 상실하게 된다. 바디 밸런스는 목 근육에 분포되어 있는 신경, 내분비선, 혈관이 지나가는 크로스 포인트를 찾아 3D5요법과 진동 에너지로 인체를 자극하여 정체된 노폐물을 처리한다. 자율신경이 되살아나고 기혈과 에너지 순환이 이루어짐은 물론, 근 조직에 에너지가 가중되므로 몸이 탄력이 생기고 건강해진다. 신경계와 신체의 문제를 조율하여 몸의 변형을 바로잡아 곧고 바른 자세를 만든다.

(4) 우먼 실루엣 Woman silhouette

여성이라면 날씬한 각선미와 아름다운 바디를 갖고 싶어 한다. 특히 유난히 발달한 하체가 불만인 여성에게 권하는 우먼 실루엣은, 포인트를 찾아서 음양이 조화로운 호르몬 상태에서 아름다운 바디 라인을 형성한다. 우먼 실루엣 테크닉은 체내 수액의 정체로 발생되는 문제들을 원래대로 치유하는데 주안점을 두고 있다. 치골이나 서혜부에 정체되어 있는 노폐물을 배출시켜 하복부부터 하체에 이르기까지 예쁜 라인과 처진 힙, 굵은 허벅지, 둔부, 무릎 관절 위의 지방, 굵은 발목 등 구체적인 하체의 모든 라인을 관리하여 준다.

(5) 바디 디톡스 Body Detox

슬리밍 관리를 위한 첫 단계로도 효과가 좋은 바디 디톡스는 인체의 노폐물을 체내를 정화하여 건강하고 활력이 넘치는 컨디션으로 회복한다. 바디 디톡스는 오래 서있는 직업을 가진 여성, 장시간의 근무 시간과 하이힐로 인한 하체 부종 및 통증, 노폐물 축적에 의해 비만이 된 몸이나, 울퉁불퉁한 바디 선, 서혜부나 액화 림파절 등을 관리하는 근원 테라피이다. 백토침과 아로마의 시너지로 크로스 포인트를 자극 소통시켜 독소로 인한 피로감, 탁한 안색을 해결하고 깨끗한 생체 환경을 조성한다.

(6) 클린 프로젝트 Clean Project

현대인들은 과로한 업무와 스트레스로 체내 항상성을 깨뜨리고 자율신경을 항진시키는 경우가 많다. 과잉 영양 상태는 몸의 장기에 노폐물과 가스와 같은 독성 물질을 만든다. 클린 프로젝트는 5일간의 상 해독 프로그램은 체내에 쌓인 독소와 노폐물을 깨끗이 제거하고 몸의 자정작용을 강화하는 트리트먼트로 건강 증진을 목적으로 하는 특별한 관리이다. 이것은 체계적인 관리 시스템으로 과잉에너지를 소멸시키고 장내의 식균 작용이 왕성하도록 도와주므로 체내의 생리적인 휴식과 그에 따른 면역력 향상을 누릴 수 있는 건강 트리트먼트이다.

(7) 순수 자연 에너지 Aroma

식물의 꽃과 뿌리, 줄기에서 추출한 순수 자연 에너지를 지닌 아로마. 저마다의 향과 성분을 지니고 있으며 이는 오감(五感)을 통해 자극을 받아 인체 반응을 일으킨다. 아로마가 지닌 향은 후각을 통해 비강의 신경수용체를 통해 뇌로 신호를 전달한다. 아로마에 따라 육체적, 정신적인 이완을 돕기도 하고 잠재적인 기질과 무의식에도 영향을 미치게 된다. 또한 마사지 시 피부로 흡수되어 전신 혈류를 타고 운반된다. 백토와 순수 아로마의 만남은 인체의 막힌 길을 뚫고 자연의 에너지를 흡수시키는 훌륭한 파트너로서 임무를 수행한다. 특히 휠로스테라피에서 상용하는 홀루이드 아로마는 크로스포인트에 사용하는 순수 아로마로 효과가 탁월하다.

(8) O&F Overclass Florealaboratoire

트리트먼트에 활용가치가 높은 아이템을 선보이는 이탈리아 브랜드 O&F(overclass Florealaboratoire)는 전문 에스테틱 분야에서 필요로 하는 제품을 연구 · 개발하며 트리트먼트에 활용가치가 높은 아이템을 선보이는 이탈리아 브랜드이다. 피부의 건강한 아름다움을 재건하는 활성화된 제품들은 유기농법으로 재배한 식물 추출물과 에센셜만을 사용하며, 정직한 순도의 텍스쳐, 퀄리티를 자신할 수 있다. 동양의학, 경락, 칼라테라피, 경락, 아로마테라피, 반사학을 응용하여 자체적으로 분류한 형태학과 심신을 지배하는 표피 근육의 상태를 관찰하는 방식으로 고객을 진단한다.

참고문헌

뷰티테라피, 김기연 외, 현문사

한방미용과 경락, 김미정 외, 구민사

발 건강을 위한 발관리학, 이재남 외, 구민사

미용과 건강, 김미정 외, 구민사

임산부의 등과 다리 마사지가 하체부종 및 체중에 미치는 영향, 학위논문(박사) 최영희, 건국대학교 대학원 : 생물공학 향장생물학, 2016. 2

피부미용학, 김숙희 외, 구민사

비만관리학, 이정희, 구민사

대나무와 현무암 마사지가 하지 부종완화에 미치는 영향, 학위논문(석사) 유소연, 건국대학교 산업대학원 : 향장학과, 2015. 2

사상체질과 아유르베다 체질에 따른 피부유형 분석에 관한 연구, 학위논문(석사) 김영미, 한서대학교 정보산업대학원 : 미용학과, 2009. 2

아유르베다 요법을 활용한 마음치유 프로그램 개발 및 효과, 학위논문(박사) 안영임, 동방문화대학원대학교 : 불교문예학과 상담심리, 2015. 2

스킨케어를 위한 아유르베다 마사지 테크닉에 관한 연구, 학위논문(석사) 윤연하, 용인대학교 경영대학원 : 미용산업경영학과, 2010.8

아유르베다 체질 유형에 따른 아사나 프로그램 개발, 학위논문(석사) 황지현, 창원대학교 대학원 : 교육학과 상담심리, 2008. 2

아유르베다 오일마사지가 면역증진에 미치는 영향에 관한 연구, 학위논문(석사) 신길란, 대전대학교 보건스포츠 대학원 : 대체의학과, 2006. 2

아유르베다 체질과 청소년기의 여드름 상태에 관한 상관성 연구, 학위논문(석사) 이영애, 영산대학교 미용예술대학원 : 미용예술전공, 2010. 2

동양의 수기 마사지 비교연구 : 아유르베다와 경락 마사지의 비교연구, 학위논문(석사) 김대옥, 과천대학교 경영대학원 : 경영학과 뷰티예술경영학전공, 2012. 8

[테라피소개]뱀부마사지- 뱀부테라피 Bamboo 마사지 therapy 시술과 대나무 이야기|작성자 영일 YUNG IL http://blog.naver.com/wing977564/40168668151

네이버 블로그

〈시로다라 마사지가 스트레스 완화에 미치는 영향〉 경기대학교 대체의학대학원 (석사) 손숙자

손소희, 신숙희, 이재남, NCS기반교육에 따른 한국형 뱀부테라피, 구민사 출판, 2019

임소영, 스톤테라피와 뱀부테라피가 20대 여성 하체관리에 미치는 영향,성신여자대학교 석사학위논문. 2019.

유경희, 대체요법에 관한 피부관리사와 고객의 인식연구, 한남대학교 대학원 석사학위논문, 2007.

노순선, 임연실, 전해정, 뱀부테라피 인지에 따른 피부미용인의 인식차이, 중소기업융합학회지, Vol. 11(7): 232-241, 2021.

손소희, 최에스더, 이상현, 피부미용 종사자의 뱀부테라피에 대한 인식이 직무만족도에 미치는 효과, 2021

전신마사지와 유산소운동이 성인 비만 여성들의 혈중지질, 혈당, 인슐린 및 신체구성에 미치는 영향 - 건국대학교 박성영

수기마사지를 이용한 안면윤곽수정에 대한 만족도 연구, 중앙대학교 의약식품대학원 향장미용학전공, 오정숙

마사지 효과에 대한 인식 및 선호도 분석, 2010년 8월, 건국대학교 디자인대학원뷰티디자인전공, 윤진숙

진동 마사지기구를 이용한 근막이완 마사지가 스트레스와 경부통증에 미치는 영향, 경기대학교 대체의학대학원 수기치료전공, 박하율

마사지가 중년층 기능성 소화불량증 완화에 미치는 영향, 2012년 8월, 건국대학교 산업대학원 향장학과, 김양희

스웨디시 마사지 이론과 실제 - 김영순, 김용숙, 리순화 (훈민사)